机器学习与数据挖掘

王璐烽　唐腾健◎主编
何　静　李金珂　吕心怡◎副主编

人民邮电出版社
北京

图书在版编目（C I P）数据

机器学习与数据挖掘 / 王璐烽，唐腾健主编. -- 北京 ： 人民邮电出版社，2023.11
ISBN 978-7-115-62563-2

Ⅰ. ①机… Ⅱ. ①王… ②唐… Ⅲ. ①机器学习②数据采掘 Ⅳ. ①TP181②TP311.131

中国国家版本馆CIP数据核字(2023)第165210号

内 容 提 要

本书以项目实践作为主线，结合必需的理论知识，以任务的形式进行内容设计，每个任务都包含任务描述及任务实施的步骤，读者按照实施步骤进行操作就可以完成相应的学习任务，从而不断提升项目实践能力。本书主要内容涉及机器学习的基础知识，模型评估与选择，回归、分类、聚类等机器学习算法，数据挖掘的基础知识，数据分析与应用，以及通过用户行为分析预测项目学习如何将机器学习与数据挖掘应用到实际中。

本书适合使用机器学习与数据挖掘技术进行大数据处理的程序员、架构师和产品经理作为技术参考和培训资料，也可作为高校本科生和研究生的教材。

◆ 主　　编　王璐烽　唐腾健
副 主 编　何　静　李金珂　吕心怡
责任编辑　秦　健
责任印制　王　郁　焦志炜

◆ 人民邮电出版社出版发行　　北京市丰台区成寿寺路 11 号
邮编　100164　　电子邮件　315@ptpress.com.cn
网址　https://www.ptpress.com.cn
北京天宇星印刷厂印刷

◆ 开本：787×1092　1/16
印张：12.75　　2023 年 11 月第 1 版
字数：250 千字　　2025 年 1 月北京第 4 次印刷

定价：49.80 元

读者服务热线：(010)81055410　印装质量热线：(010)81055316
反盗版热线：(010)81055315
广告经营许可证：京东市监广登字 20170147 号

前　言

写作背景

中国特色社会主义进入新时代，实现中华民族伟大复兴的中国梦开启新征程。党中央决定实施国家大数据战略，吹响了加快发展数字经济、建设数字中国的号角。2017 年 12 月 8 日，习近平总书记在十九届中共中央政治局第二次集体学习时的重要讲话中指出“大数据是信息化发展的新阶段”，并做出了“推动大数据技术产业创新发展、构建以数据为关键要素的数字经济、运用大数据提升国家治理现代化水平、运用大数据促进保障和改善民生、切实保障国家数据安全”的战略部署，为我国构筑大数据时代国家综合竞争新优势指明了方向。

党的二十大报告指出，“深入实施科教兴国战略、人才强国战略、创新驱动发展战略，开辟发展新领域新赛道，不断塑造发展新动能新优势”。数据挖掘学科是对计算机领域的补充，和计算机领域一起迅速发展，并越来越受到人们的重视。在国家的大力促进下，数据挖掘学科不断发展，取得了阶段性的成就。随着计算机的发展与数据量的增加，对数据的处理技术如生成、收集、存储等的要求越来越高，因此，新型数据挖掘技术必将出现并替代传统落后的数据处理技术。

机器学习是人工智能的一个子集。它用计算机和算法从“数据”中学习并发现“模式和洞察”。在许多情况下，“模式和洞察”就隐藏在“数据”中。随着时代的发展，人类想要理解业务流程中积累的数据可能非常困难。然而算法却能够比人更快、更准确地从数据中发掘“模式和洞察”。近年来随着数据可用性，以及计算机算力和新算法的快速发展，机器学习已逐渐成为实现人工智能的关键方法之一。机器学习的过程本质上是非常简单的，即找到模式与应用模式。机器学习为我们今天使用的许多服务提供了驱动力，如优酷、淘宝、今日头条的推荐系统，百度和必应等搜索引擎，微博和微信这样的社交媒体，Siri 和天猫精灵这样的语音助理等。

数据挖掘是指对大量数据集进行分类的自动化过程，并通过数据分析来识别趋势和模式，建立关系以解决业务问题。换句话说，数据挖掘是从大量的、不完全的、有噪声的、模糊的、随机的数据中提取隐含的、人们事先不知道的，但又有用的信息和知识的过程。数据挖掘主要有数据准备、规律寻找和规律表示 3 个步骤。数据挖掘的任务包括关联分析、聚类分析、分类分析、异常分析、特异群组分析和演变分析等。近年来，数据挖掘引起了信息产业界的极大关注，主要原因是产业界普遍存在大量数据，并且迫切需要将这些数据转换成有用的信息和知识。获取的信息和知识可以广泛用于各个领域，包括商务管理、生产控制、市场分析、工程设计和科学探索等。

本书读者对象

本书适合使用机器学习与数据挖掘技术进行大数据处理的程序员、架构师和产品经理作为技术参考和培训资料，也可作为高校本科生和研究生的教材。

本书主要内容

本书以项目实践作为主线，结合必需的理论知识，以任务的形式进行内容设计，每个任务都包含任务描述及任务实施的步骤。

各项目的主要内容如下。

项目 1 讲解机器学习的发展历程与基本内容，以及相关软件的安装与使用。

项目 2 介绍机器学习的模型评估与检验，以及通过评估方法得出最优结果。

项目 3～项目 5 分别介绍机器学习算法中的回归、分类、聚类，通过学习算法并实践，可以提高读者的机器学习算法编写能力。

项目 6 介绍了一个完整的机器学习项目，可以帮助读者对机器学习有更深入的了解，并学会将机器学习知识应用到实际生产、生活中。

项目 7 主要介绍数据挖掘的基础知识，并通过案例介绍帮助读者加深对数据挖掘的理解，让读者对数据挖掘的应用更加得心应手。

项目 8 介绍数据分析及其应用方法，可以帮助读者丰富自己的数据分析方法与实践。同时该项目还介绍了 WEKA 软件。WEKA 软件能够使数据分析更加便利、高效，进而提高读者的专业能力。

项目 9 通过淘宝用户行为分析预测项目综合展示了全书内容及应用方法，可以帮助读者学习如何在实际问题中应用机器学习与数据挖掘技术。

勘误和支持

本书由重庆工业职业技术学院王璐烽、唐腾健担任主编，重庆工业职业技术学院何静、李金珂、吕心怡担任副主编。智慧云未来科技（北京）有限公司提供了强大的行业技术支持。

由于作者的水平有限，编写时间仓促，书中难免会出现一些错误或者不准确的地方，恳请读者批评指正。如果你有更多的宝贵意见，欢迎通过出版社与我们取得联系，期待能够得到你们真挚的反馈。

编著者

资源与支持

资源获取

本书提供如下资源：

- 教学大纲；
- 程序源码；
- 教学课件；
- 微视频；
- 习题答案；
- 本书思维导图；
- 异步社区 7 天 VIP 会员。

要获得以上资源，您可以扫描下方二维码，根据指引领取。

提交勘误

作者和编辑尽最大努力来确保书中内容的准确性，但难免会存在疏漏。欢迎您将发现的问题反馈给我们，帮助我们提升图书的质量。

当您发现错误时，请登录异步社区（https://www.epubit.com），按书名搜索，进入本书页面，点击“发表勘误”，输入勘误信息，点击“提交勘误”按钮即可（见右图）。本书的作者和编辑会对您提交的勘误进行审核，确认并接受后，您将获赠异步社区的100积分。积分可用于在异步社区兑换优惠券、样书或奖品。

与我们联系

我们的联系邮箱是contact@epubit.com.cn。

如果您对本书有任何疑问或建议，请您发邮件给我们，并请在邮件标题中注明本书书名，以便我们更高效地做出反馈。

如果您有兴趣出版图书、录制教学视频，或者参与图书翻译、技术审校等工作，可以发邮件给我们。

如果您所在的学校、培训机构或企业，想批量购买本书或异步社区出版的其他图书，也可以发邮件给我们。

如果您在网上发现有针对异步社区出品图书的各种形式的盗版行为，包括对图书全部或部分内容的非授权传播，请您将怀疑有侵权行为的链接发邮件给我们。您的这一举动是对作者权益的保护，也是我们持续为您提供有价值的内容的动力之源。

关于异步社区和异步图书

“异步社区”（www.epubit.com）是由人民邮电出版社创办的IT专业图书社区，于2015年8月上线运营，致力于优质内容的出版和分享，为读者提供高品质的学习内容，为作译者提供专业的出版服务，实现作者与读者在线交流互动，以及传统出版与数字出版的融合发展。

“异步图书”是异步社区策划出版的精品IT图书的品牌，依托于人民邮电出版社在计算机图书领域30余年的发展与积淀。异步图书面向IT行业以及各行业使用IT技术的用户。

目　录

项目 1

初识机器学习

人类一直试图让机器具有智能，也就是实现人工智能（Artificial Intelligence，AI）。20 世纪 50 年代，人工智能的发展经历了“推理期”，通过赋予机器逻辑推理能力使机器获得智能，当时的人工智能应用程序已经能够证明一些著名的数学定理，但由于机器缺乏知识，还远不能实现真正的智能。20 世纪 70 年代，人工智能的发展进入“知识期”，即将人类的知识总结并教给机器，使机器获得智能。随后人工智能的发展进入“机器学习时期”，该时期可以分为 3 个阶段：20 世纪 80 年代，连接主义较为流行，代表性方法有感知机（perceptron）和神经网络（neural network）；20 世纪 90 年代，统计学习方法开始占据主流舞台，代表性方法有支持向量机（support vector machine）；进入 21 世纪，深度神经网络被提出，连接主义卷土重来，随着数据量和计算机算力不断提升，以深度学习（deep learning）为基础的诸多人工智能应用逐渐成熟。

机器学习是一类算法的总称，这些算法可以从大量历史数据中挖掘出隐含的规律，并用于预测或者分类，更具体地说，机器学习可以看作寻找一个函数，输入是样本数据，输出是期望的结果，只是这个函数过于复杂，以致不太方便形式化表达。需要注意的是，机器学习的目标是使学到的函数能够很好地适用于“新样本”，而不仅仅是在训练样本上表现很好。学到的函数适用于新样本的能力，称为泛化（generalization）能力。

思政目标

- 培养学生创新意识，提高学生科技水平，促进科技发展。

- 培养学生建立科技创新体系意识，提高科技创新水平。

- 了解机器学习不同时期的发展历程。
- 掌握机器学习的概念、方法及三要素。
- 了解机器学习的应用领域。
- 掌握 PyCharm 和 Python 的安装与使用方法。

任务 1　学习机器学习的理论

【任务描述】

机器学习在日常生活中的应用非常广泛，尤其是在人工智能领域。在学习与机器学习相关的知识之前，我们需要了解机器学习的发展历程、基本概念、方法、要素和应用。通过学习理论知识，读者可以更深入地了解机器学习算法，并在生活中使用机器学习知识解决问题。

【任务目标】

- 了解机器学习不同时期的发展历程。
- 掌握机器学习的概念、方法及三要素。
- 了解机器学习的应用领域。

【知识链接】

通过学习机器学习知识并理解相关理论，了解机器学习发展历程；通过学习什么是机器学习以及机器学习的要素和方法，加深对机器学习概念的理解；通过将机器学习应用于多个领域，从而了解机器学习的重要性。

人工智能

在一般教材中，人工智能（Artificial Intelligence，AI）的定义领域是“智能体（intelligent agent）的研究与设计”。其中，智能体是指一个可以观察周遭环境并采取行动以实现目标的系统。1955 年，John McCarthy 将人工智能定义为“制造智能机器的科学与工程”。Andreas Kaplan 和 Michael Haenlein 则将人工智能定义为“系统正确解释外部数据，从这些数据中学习，并灵活利用这些知识以实现特定目标和任务的能力”。

由于人工智能的研究有着高度的技术性和专业性，各分支领域都是深入且互不相通的，因此，人工智能的范围极其广泛，分支领域非常多，各个分支领域也都较为深入。

就当下的人工智能研究领域而言，研究人员已造出大量“看起来”像是智能的机器，并取得了相当丰硕的理论和实质成果。例如，2009年Hod Lipson教授和博士研究生Michael Schmidt研发出Eureqa计算机程序，给予该程序相关资料后，只需几十个小时它就可以推导出牛顿花费多年研究才发现的牛顿力学公式。该计算机程序也可以用于研究很多其他领域的科学问题。这些所谓的弱人工智能在神经网络发展下已经取得了巨大进步，但是对于如何集成强人工智能，目前学术界还没有明确定论。

另外，弱人工智能与强人工智能并非完全对立，也就是说，即使强人工智能是可能的，弱人工智能的存在也仍然有意义。至少，今日计算机能做的事，如算术运算等，在100多年前被认为完全依赖人类的智能。另外，即使强人工智能被证明是可能的，也并不代表强人工智能必定能被研制出来。

【任务实施】

1. 机器学习的发展历程

机器学习（Machine Learning，ML）最早可以追溯到对人工神经网络的研究。

1943年，Warren McCulloch和Walter Pitts提出了神经网络层次结构模型，确立了神经网络的计算模型理论，从而为机器学习的发展奠定了基础。

1950年，“人工智能之父”图灵提出了著名的“图灵测试”，使人工智能成为科学领域的一个重要研究课题。

1957年，康奈尔大学教授Frank Rosenblatt提出了感知机的概念，首次用算法精确定义了自组织自学习的神经网络数学模型，并设计出第一个计算机神经网络。这个机器学习算法成为神经网络模型的“开山鼻祖”。

1959年美国IBM公司的A. M. Samuel设计了一个具有学习能力的跳棋程序，该程序战胜了美国保持8年不败的跳棋选手。这个程序向人们初步展示了机器学习的能力。

1962年，Hubel和Wiesel发现了猫脑皮层中独特的神经网络结构可以有效降低学习的复杂性，从而提出著名的Hubel-Wiesel生物视觉模型，在这之后提出的神经网络模型均受此启迪。

1969年，人工智能研究的先驱者Marvin Minsky和Seymour Papert出版了对机器学习研究有深远影响的著作*Perceptrons*，其中包含对于机器学习基本思想的论断。这一论断影响深远且延续至今。

1980年，美国卡内基梅隆大学研究人员举行了第一届机器学习国际研讨会，这标志着机器学习研究在世界范围内兴起。

1986 年，*Machine Learning* 创刊，这标志着机器学习逐渐为世人瞩目并开始加速发展。

1986 年，Rumelhart、Hinton 和 Williams 联合在《自然》杂志发表了著名的反向传播（Back Propagation，BP）算法。

1989 年，美国贝尔实验室学者 Yann LeCun 教授提出了目前最为流行的卷积神经网络（Convolutional Neural Network，CNN）计算模型，推导出基于 BP 算法的高效训练方法，并成功地应用于英文手写体识别。

进入 20 世纪 90 年代后，多浅层机器学习模型相继问世，诸如逻辑斯谛回归、支持向量机等，这些机器学习算法的共性是都以解决数学模型为凸代价函数的最优化问题为目的，理论分析相对简单，容易从训练样本中学习到内在模式，从而完成对象识别与人物分配等初级智能工作。

2006 年，机器学习领域泰斗 Geoffrey Hinton 和 Ruslan Salakhutdinov 发表文章，提出了深度学习模型。该文章的主要论点包括：多个隐藏层的人工神经网络具有良好的特征学习能力；可以通过逐层初始化来克服训练的难度，实现网络整体调优。这个模型的提出，开启了深度机器学习的新时代。

2012 年，Hinton 研究团队采用深度学习模型赢得了计算机视觉领域最具有影响力的 ImageNet 比赛冠军，这标志着深度学习进入第二阶段。

深度学习近年来在多个领域取得了令人赞叹的成绩，推出了一批成功的商业应用，诸如谷歌翻译、苹果的语音工具 Siri、微软的 Cortana 个人语音助手、蚂蚁金服的 Smile to Pay 扫脸技术等。特别是在 2016 年 3 月，谷歌的 AlphaGo 在与围棋世界冠军、职业九段棋手李世石进行的围棋人机大战中以 4∶1 的总比分获胜。2017 年 10 月 18 日，DeepMind 团队公布了最强版 AlphaGo，代号 AlphaGo Zero，它能在无任何人类输入的条件下，从空白状态学起，在自我训练的时间仅为 3 天的情况下，自我对弈的棋局数量达到 490 万盘，能以 100∶0 的战绩击败上一代 AlphaGo。

2. 机器学习的概念

机器学习是关于计算机程序的科学（也是一门艺术），它可以从数据中学习。

机器学习一般化的定义如下。

机器学习是赋予计算机学习能力的研究领域，它不依赖确定的编码指令，就能让计算机自主学习。

——Arthur Samuel，1959

机器学习工程导向的定义如下。

如果一个计算机程序对于某项任务 T 的某项性能衡量指标为 P，而且性能指标 P 能随着经验 E 的提高而提高，则认为该程序可以从经验 E 中学习。

——Tom Mitchell，1997

机器学习通过计算机来彰显数据背后的真实含义，它可以把无序的数据转换成有用的信息。机器学习是一门多领域交叉学科，涉及概率论、统计学、逼近论、凸分析、算法复杂度理论等多门学科。机器学习专门研究计算机怎样模拟或实现人类的学习行为，以获取新的知识或技能，而且能够重新组织已有的知识结构，不断提高自身的性能。

机器学习是人工智能的核心，是使计算机具有智能的根本途径，其应用遍及人工智能的各个领域。机器学习主要使用归纳、综合的方法而不是演绎。

3. 机器学习的方法

机器学习可以分为4个主要类别，分别介绍如下。

1）监督式学习

监督式学习（也称为监督式机器学习）使用标签化数据集训练算法，以准确分类数据或预测结果。将数据输入模型后，该方法会调整权重，直到模型拟合。这是交叉验证过程的一部分，可确保模型避免过度拟合或不拟合。监督式学习有助于大规模解决多种现实问题，例如将垃圾邮件归类到收件箱中的单独文件夹中。监督式学习使用的方法包括神经网络、朴素贝叶斯、线性回归、逻辑斯谛回归、随机森林、支持向量机等。

2）无监督学习

无监督学习（也称为无监督机器学习）使用机器学习算法来分析未标签化数据集并形成聚类。这类机器学习方法能够自主发现隐藏的模式或数据分组，无须人工干预。由于无监督学习方法能够发现信息的相似性和差异，因此它是探索性数据分析、交叉销售策略、客户细分、图像和模式识别的理想解决方案。该方法还能够通过降维，减少模型中特征的数量，其中主成分分析（Principal Component Analysis，PCA）和奇异值分解（Singular Value Decomposition，SVD）是两种常用的方法。无监督学习使用的其他方法还包括神经网络、K 均值聚类、概率聚类等。

3）半监督学习

半监督学习是监督式学习和无监督学习的巧妙结合。在训练过程中，半监督学习使用较小的标签化数据集，以指导针对较大的未标签化数据集进行分类和特征提取。半监督学习可以解决标签数据不足（或无法负担标注足够数据的费用）而无法训练监督式学习算法的问题。

4）强化学习

强化学习是智能系统从环境状态到行为映射的学习，以使强化信号函数值达到最大。由于外部环境提供的信息很少，因此强化学习系统必须依靠自身的经历进行学习。

强化学习的目标是学习从环境状态到行为的映射，使得智能体选择的行为能够获得环境的最大奖励，并让外部环境对学习系统在某种意义上的评价为最佳。强化学习在机器人控制、无人驾驶、下棋、工业控制等领域均获得了成功应用。

在这种学习模式下，输入数据将作为对模型的反馈，不像监督式学习模型那样，输入数据仅仅作为检查模型对错的一种方式。在强化学习中，输入数据将直接反馈到模型，模型必须依据反馈立刻进行调整。

常见的强化学习算法包括 Q-Learning 和时序差分学习（temporal-difference learning）。

4. 机器学习的三要素

数据在机器学习方法框架中的流动会按顺序经历 3 个过程，分别对应机器学习的三要素——模型、策略和算法。

1）模型

在谈到机器学习时，经常会提及机器学习的“模型”。在机器学习中，模型实质上是一个假设空间。这个假设空间是“输入空间到输出空间所有映射”的一个集合，这个空间的假设属于先验知识。机器学习通过“数据+三要素”的训练，最终目标是获得假设空间的一个最优解，即求模型的最优参数。

2）策略

在模型部分，机器学习的目标是获得假设空间（模型）的一个最优解，那么问题来了，如何评判模型是否为最优呢？策略就是评判“最优模型”（最优参数的模型）的准则或方法。

3）算法

在策略部分，机器学习的目标会转换成求目标函数的最小值，而算法就是对函数最优解的求解方法。

5. 机器学习的应用

1）图像识别

图像识别是机器学习最常见的应用之一。它能够用于识别物体、人物、地点和数字图像等。图像识别和人脸检测较为流行的应用是自动好友标记建议，例如一些社交网站可以提供自动好友标记建议的功能。每当在社交网站中上传我们与好友的合照时，我们会收到带有姓名的标记建议，这背后的技术就是机器学习的人脸检测和识别算法。

2）语音识别

大部分搜索引擎都提供了“通过语音搜索”的选项。该功能属于语音识别——机器学习的一个流行应用。

语音识别是将语音指令转化为文字的过程，也称为“语音转文字”或“计算机语音识别”。目前，机器学习算法广泛用于各种语音识别应用。例如，百度助手与一些语音输入法都通过语音识别技术来识别语音指令。

3）交通预测

在手机地图应用中，机器学习模型被用来预测交通状况和最短路径。通过对历史数据和当前路况数据的分析，模型可以预测未来的交通状况，并提供最短路径的推荐。此外，用户的位置数据也被用于训练模型，以改善应用的性能和预测准确度。

4）自动驾驶汽车

机器学习最令人兴奋的应用之一是自动驾驶汽车。机器学习在自动驾驶汽车中发挥着重要作用。汽车制造公司在开发自动驾驶汽车的过程中通过无监督学习方法训练汽车模型在驾驶时检测人和物体。国内的自动驾驶汽车也很热门，比如一些科技园区通过自动驾驶汽车提供送餐服务。

5）产品推荐

机器学习被京东、淘宝等电子商务和娱乐公司广泛用于向用户推荐产品。例如，在京东App上搜索过某种产品时，我们可能会在同一台手机的浏览器中收到同类产品的广告，这就是机器学习在产品推荐中的应用。淘宝借助各种机器学习算法来了解用户的兴趣，并根据客户的兴趣推荐产品。类似地，当我们使用淘宝购物时，我们会看到一些电影等内容的推荐，这也是在机器学习的帮助下完成的。

6）垃圾邮件过滤

每当我们收到一封新电子邮件时，它都会被自动过滤为重要邮件、正常邮件和垃圾邮件。我们总是会在收件箱中看到一些带有重要符号的重要邮件，垃圾邮件箱中也会有垃圾邮件，这背后的技术也是机器学习。电子邮箱使用的垃圾邮件过滤器包括内容过滤器、标题过滤器、常规黑名单过滤器、基于规则的过滤器和权限过滤器等。一些机器学习算法，例如多层感知器、决策树和朴素贝叶斯分类器，都可以用于垃圾邮件过滤。

7）医学诊断

在医学应用领域中，机器学习可用于疾病诊断。有了机器学习，医疗技术发展得非常快，并且已经建立了可以预测大脑中病变确切位置的3D模型等。该模型的图像识别技术有助于轻松发现脑肿瘤和其他脑相关疾病。

8）自动语言翻译

当我们访问一个新地方并且不了解当地语言时，机器学习能够通过将文本转换为我们已知的语言来帮助我们。自动语言翻译是一种能够将文本翻译成用户熟悉的语言的神经机器学习。自动语言翻译背后的技术是一种序列到序列的学习算法，它能够配合图像识别一起使用，将文本从一种语言翻译成另一种语言。

任务2　软件的安装与使用

【任务描述】

PyCharm 是由 JetBrains 公司打造的一款 Python IDE。随着版本的迭代，PyCharm 提供越来越多的功能，从 Django 到轻量化的 Flask，到接地气的 Pyramid，再到结合新特性的异步 Web 框架 FastAPI。

另外，基于同系列软件的加持（WebStorm），开发人员借助 PyCharm 也可以直接进行前端开发（支持 Bootstrap、Angular、React 等）。

此外 PyCharm 还支持科学计算。在科学计算领域，MATLAB 一直独占鳌头，但是 Python 的出现打破了这个局面，Python 具有的优势（如众多优秀的第三方库，较易学习，开源免费，语法优美）令其在科学计算领域占得一席之地，而作为 Python IDE 中最强大的存在，PyCharm 也对科学计算提供完美支持。

另外 PyCharm 还拥有丰富的插件。基于这些插件，PyCharm 可以提供更好的开发体验。

【任务目标】

- 安装 PyCharm 软件。
- 安装 Python 软件。
- PyCharm 环境配置。

【知识链接】

1. Python

Python 是一门跨平台的计算机程序开发语言。它是一门结合了解释性、编译性、互动性和面向对象的高层次的脚本语言。Python 最初被设计用于编写自动化脚本，随着版本不断更新和新语言功能的添加，目前已经可以用于独立的、大型项目的开发。

Python 是我们在开发项目时需要使用的一门计算机语言，通俗来说就是编写代码。编写代码之后，我们需要运行，否则代码是死的，计算机无法识别，这时我们需要运行 Python 代码的运行环境和工具。

2. PyCharm

PyCharm 是一款常用的 Python IDE，它带有一整套可以帮助用户提高 Python 开发效率的工具，比如调试、语法高亮、Project 管理、代码跳转、智能提示、自动生成、单元测试、版本控制等。此外，该 IDE 还提供了一些高级功能，用于支持 Django 框架下的专业 Web 开发，使得编写代码和运行操作更加简单。

【任务实施】

本任务以在 Windows 操作系统中安装 PyCharm 和 Python 软件为例进行介绍。关于在其他操作系统中安装这两款软件的步骤，请参考相关资料。

1. 安装 PyCharm 软件

安装 PyCharm 软件的步骤如下。

（1）访问 PyCharm 官网。

PyCharm 分为两个版本——专业版和社区版。专业版需要付费，但可以免费使用一个月，相较于社区版，其功能更为强大。社区版为免费版，基本功能可以满足日常学习使用，因此接下来我们将以社区版为例进行介绍。PyCharm 官网如图 1-1 所示。

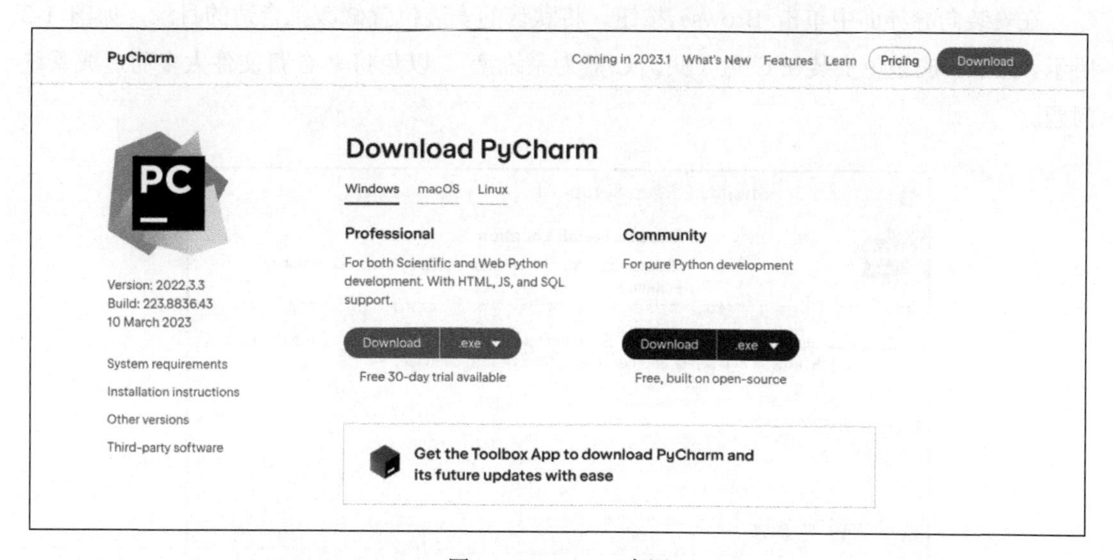

图 1-1　PyCharm 官网

（2）单击 Download 按钮进行下载并安装。

单击图 1-1 中的 Download 按钮，下载可执行安装包。下载完成后，双击安装包，进入安装向导界面，如图 1-2 所示。然后单击 Next 按钮，进入下一步。

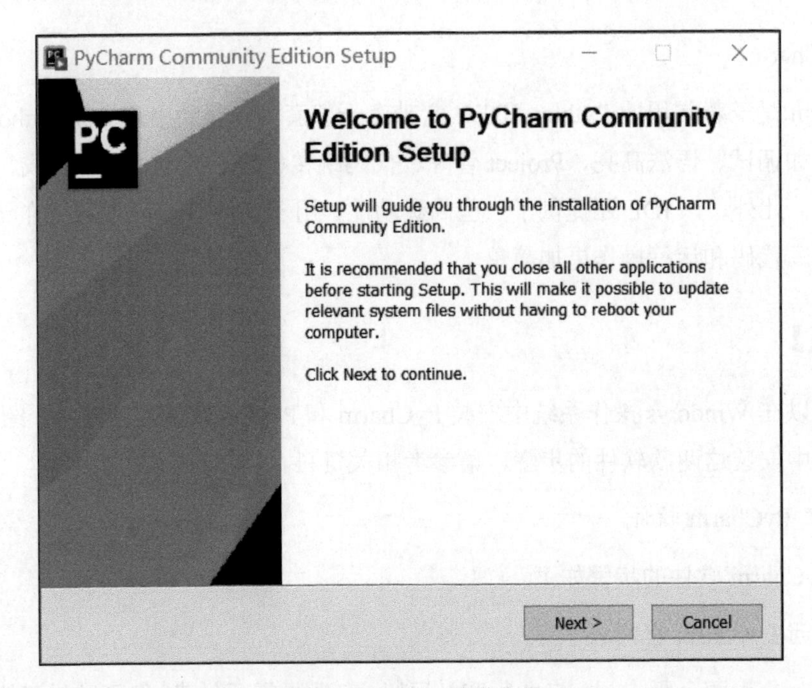

图 1-2　PyCharm 安装向导

（3）修改默认安装位置。

在安装向导界面中单击 Browse 按钮，将默认的安装位置修改到合适的目录，如图 1-3 所示。注意：应避免安装在 C 盘（默认 C 盘为系统盘），以免将来 C 盘文件太多而造成系统问题。

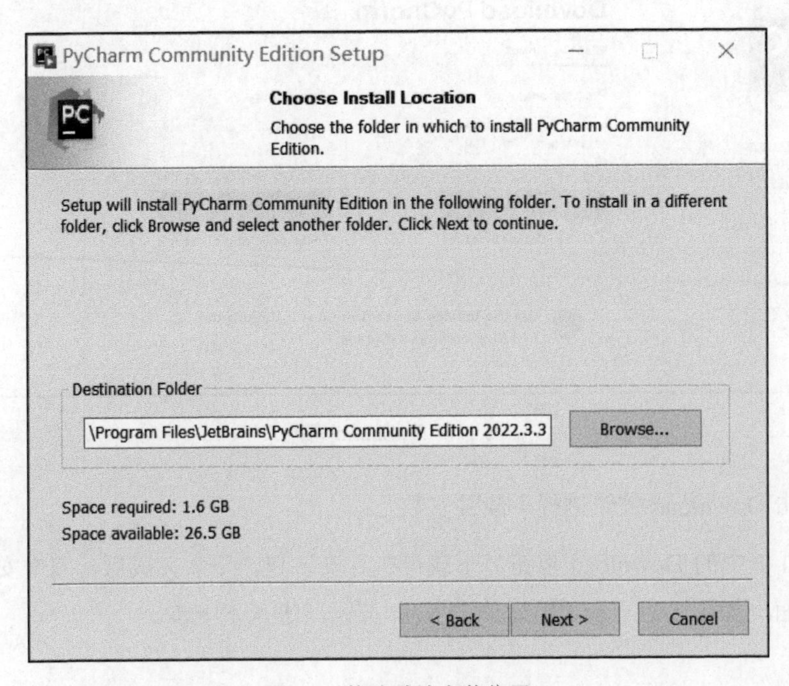

图 1-3　修改默认安装位置

建议将 PyCharm 安装在自己方便查找的位置，例如 D 盘，如图 1-4 所示。然后单击 Next 按钮，进入下一步。

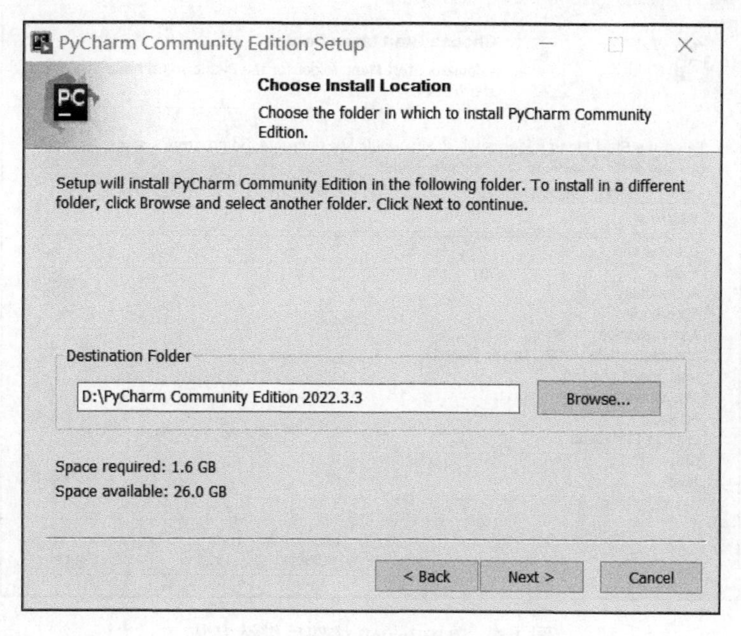

图 1-4　自定义安装位置

（4）选择所有安装选项。

在安装向导界面中，选择所有安装选项，如图 1-5 所示。然后单击 Next 按钮，进入下一步。

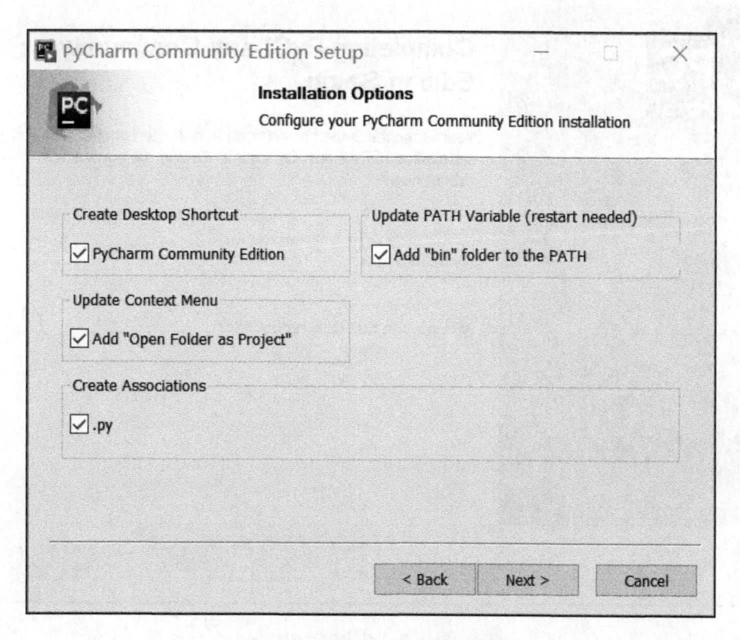

图 1-5　选择所有安装选项

（5）单击 Install 按钮后继续安装，如图 1-6 所示。

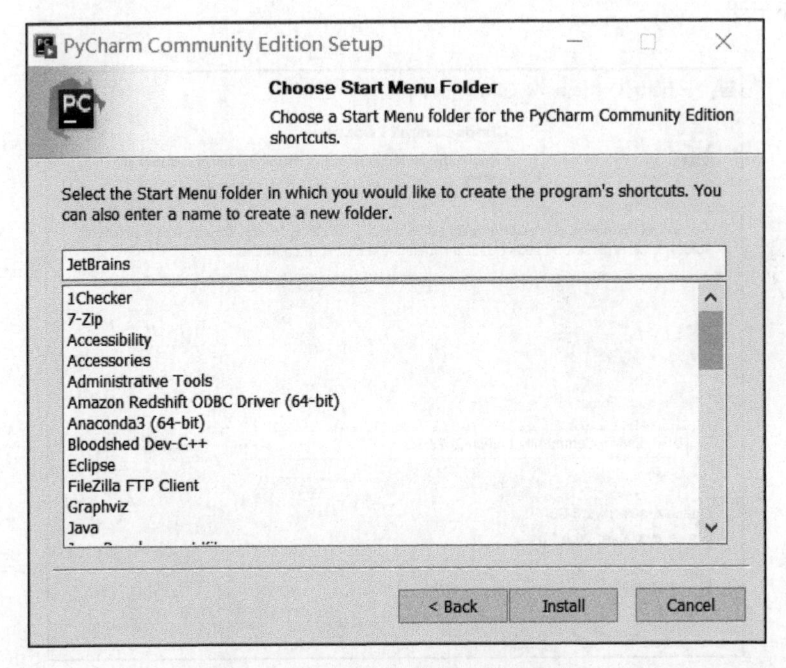

图 1-6　单击 Install 按钮后继续安装

（6）选择 I want to manually reboot later（稍后手动重启）单选项，如图 1-7 所示。然后单击 Finish 按钮，完成安装。

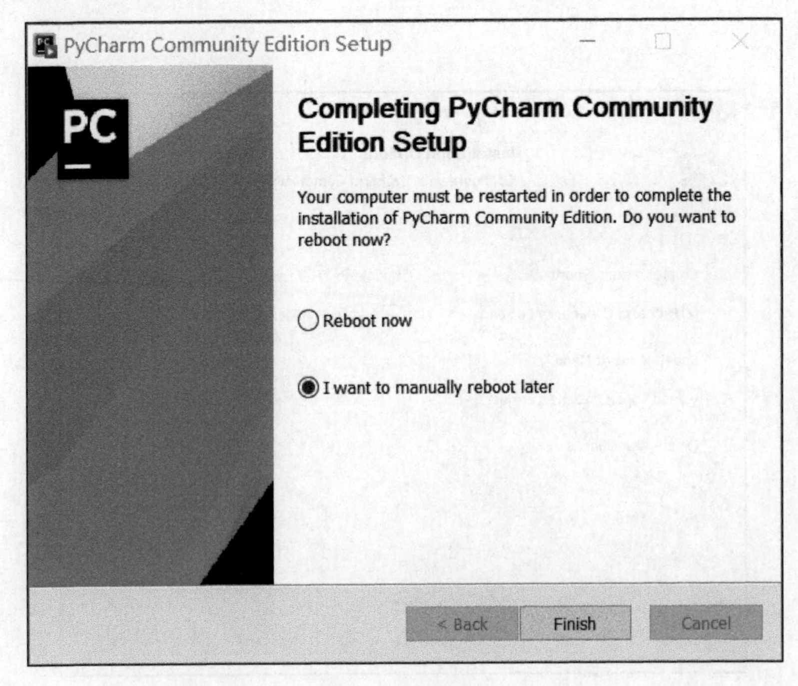

图 1-7　安装完成

2. 安装 Python 软件

（1）访问 Python 官网，如图 1-8 所示。

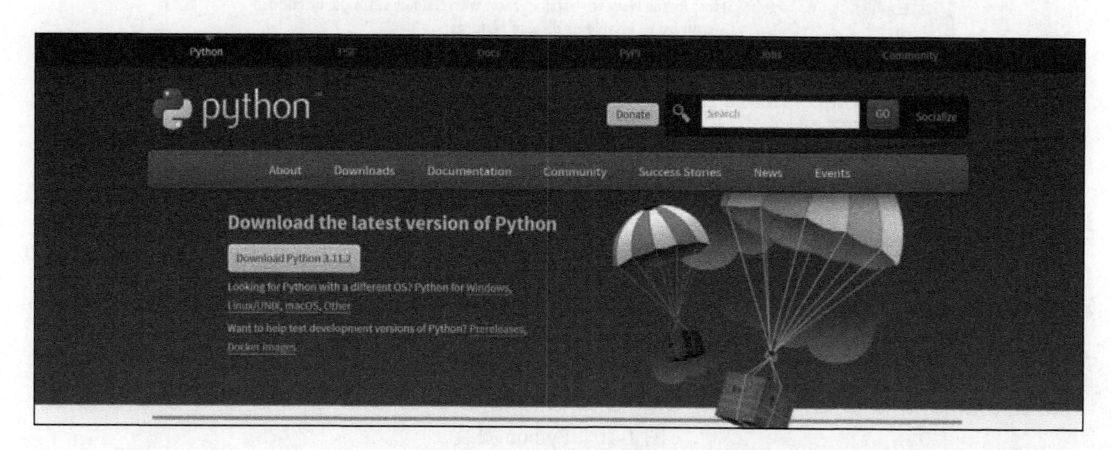

图 1-8　Python 官网

（2）单击 Downloads 按钮，下载相应的安装文件，如图 1-9 所示。

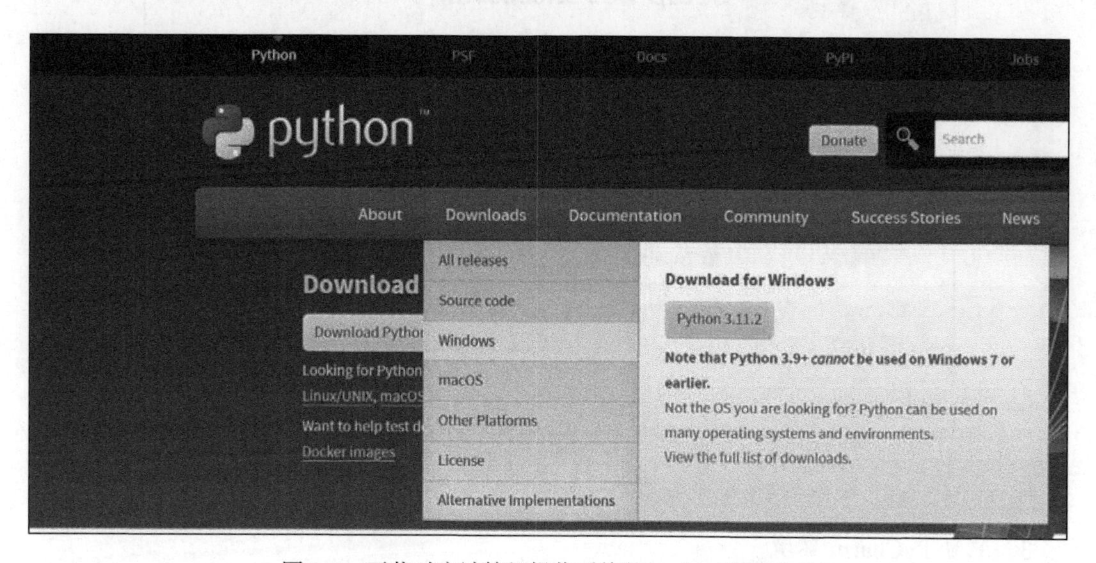

图 1-9　下载对应计算机操作系统的 Python 安装文件

不同的计算机操作系统，安装的 Python 版本也不同。例如针对 Windows 64 位操作系统，需要安装 Download for Windows 中的 Python 3.10.7。

（3）双击下载完成的 Python 安装文件。

在弹出的安装向导界面中选择 Add python.exe to PATH 复选项，然后单击 Install Now 链接，如图 1-10 所示。

（4）成功安装 Python 后，单击 Close 按钮退出安装向导界面，如图 1-11 所示。

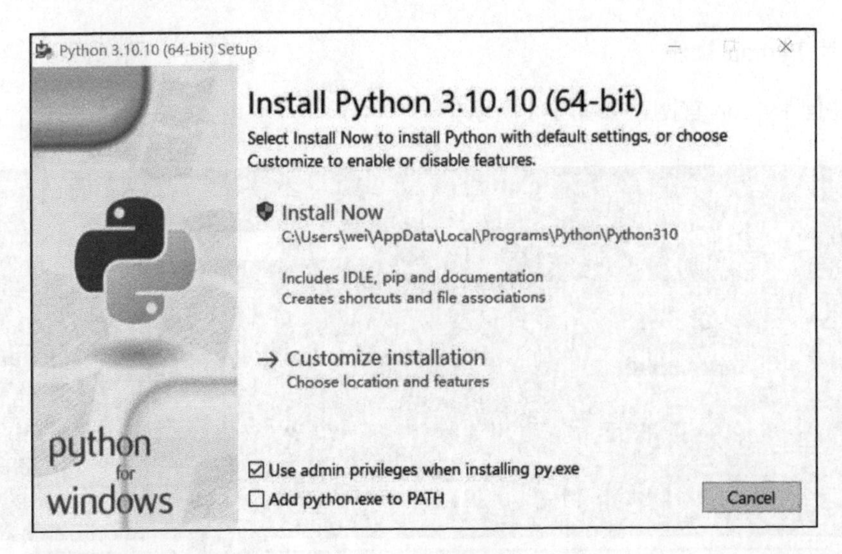

图 1-10　Python 安装

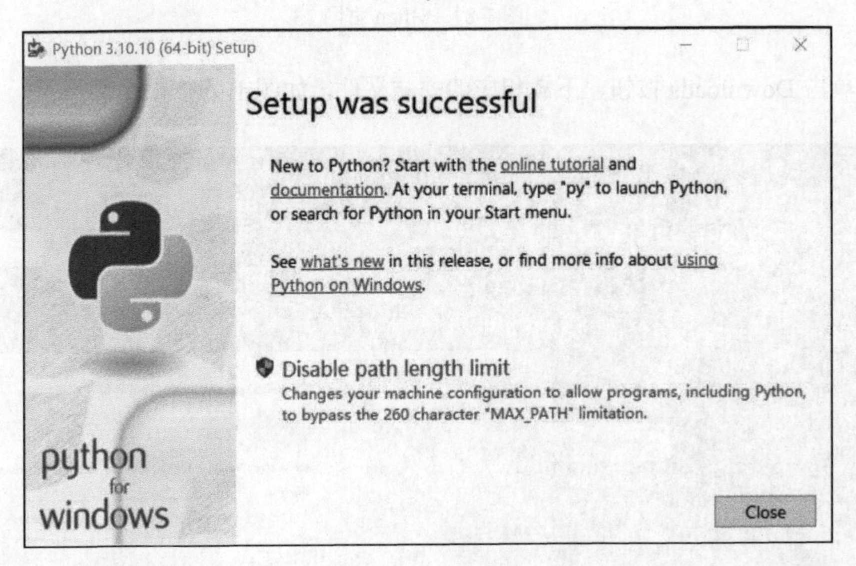

图 1-11　安装成功

3. 配置 PyCharm 环境

（1）在计算机桌面上双击 PyCharm Community Edition 快捷方式，打开 PyCharm，如图 1-12 所示。

图 1-12　PyCharm 社区版快捷方式

（2）选择同意条款，单击 Continue 按钮，进入下一步。

（3）如图 1-13 所示的 Data Sharing 对话框中，单击 Don’t Send 按钮。此处选择不共享数据，可以避免信息泄露及不必要的麻烦。

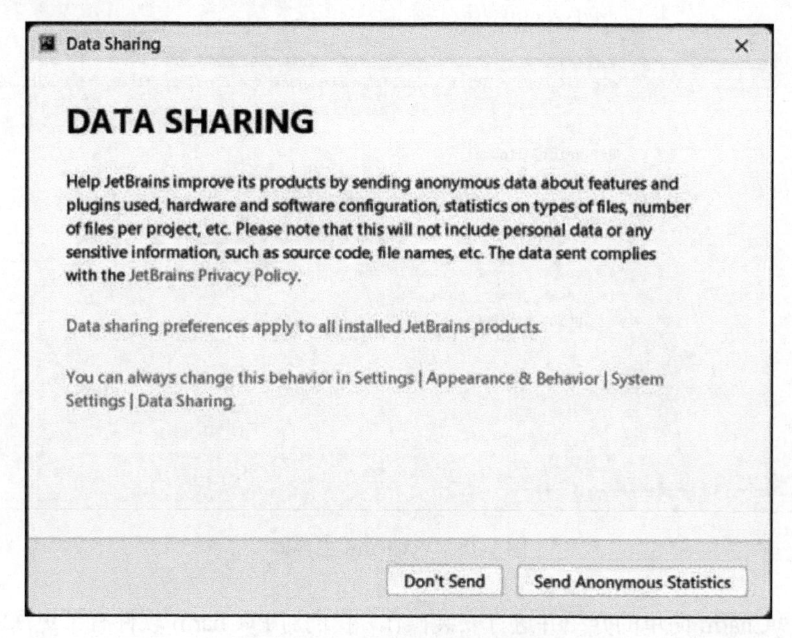

图 1-13　不同意发送信息

（4）在弹出的 PyCharm 窗口中单击 New Project 按钮，新建项目，如图 1-14 所示。

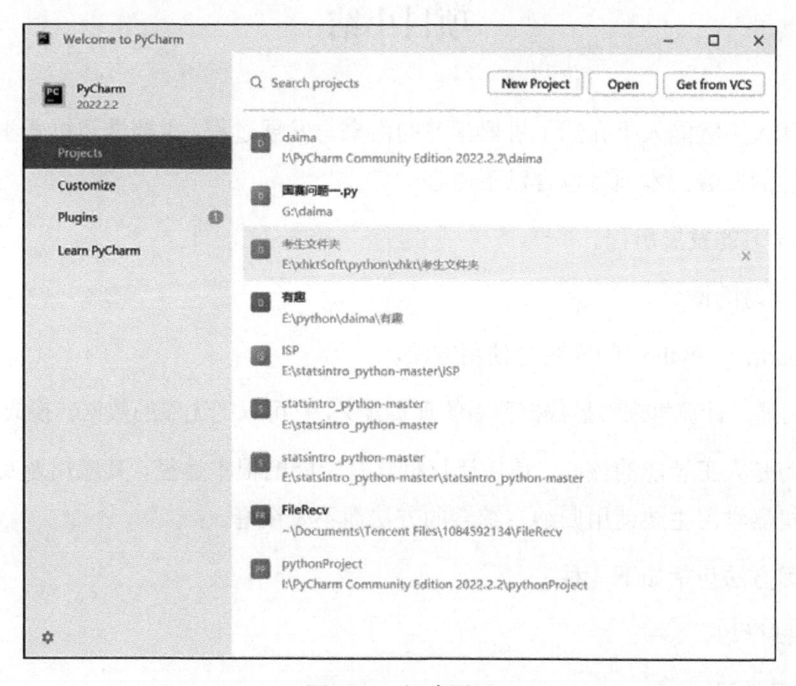

图 1-14　新建项目

（5）进入如图 1-15 所示的 PyCharm 主界面，对新创建的 Python 文件进行操作。

```
# This is a sample Python script.

# Press Shift+F10 to execute it or replace it with your code.
# Press Double Shift to search everywhere for classes, files, tool windows, actions, and

def print_hi(name):
    # Use a breakpoint in the code line below to debug your script.
    print(f'Hi, {name}')  # Press Ctrl+F8 to toggle the breakpoint.


# Press the green button in the gutter to run the script.
if __name__ == '__main__':
    print_hi('PyCharm')
```

图 1-15　PyCharm 主界面

通过对 PyCharm 简单的介绍并进行安装操作，我们对 PyCharm 软件有了更深的了解，同时对掌握代码编写工具也更加得心应手。这不仅有助于练习与操作，而且能提高软件开发能力。

项目小结

本项目从人工智能入手介绍了机器学习的由来与发展过程，主要涉及机器学习的基本内容和使用软件的安装。本项目包含以下内容。

- 机器学习的发展历程。
- 机器学习的概念。
- PyCharm 和 Python 的安装与使用方法。

机器学习通过计算机来彰显数据背后的真实含义，它可以把无序的数据转换成有用的信息。

机器学习是人工智能的核心，是使计算机具有智能的根本途径，其应用遍及人工智能的各个领域。机器学习主要使用归纳、综合的方法而不是演绎。

机器学习方法包括如下 4 种。

- 监督式学习。
- 无监督学习。

- 半监督学习。
- 强化学习。

机器学习的要素包括模型、策略和算法。

机器学习的应用领域如下。

- 图像识别。
- 语音识别。
- 交通预测。
- 自动驾驶汽车。
- 产品推荐。
- 垃圾邮件过滤。
- 医学诊断。
- 自动语言翻译。

思考与练习

理论题

一、选择题

1.（ ）年，研究人员在美国卡内基梅隆大学举行了第一届机器学习国际研讨会。

A．1957　　B．1962　　C．1969　　D．1980

2．机器学习是赋予（ ）学习能力的研究领域，它不依赖确定的编码指令，就能让计算机自主学习。

A．计算机　　B．数学　　C．机器　　D．模型

3．监督式学习中不包含（ ）算法。

A．逻辑斯谛回归　　B．随机森林　　C．主成分分析　　D．支持向量机

4．机器学习的要素不包含（ ）。

A．逻辑　　B．模型　　C．策略　　D．算法

5．（多选）机器学习的方法包含（ ）。

A．监督式学习　　B．无监督学习

C．半监督学习　　D．强化学习

二、填空题

1．1986 年，________创刊，这标志着机器学习逐渐为世人瞩目并开始加速发展。

2．________是人工智能的核心，是使计算机具有智能的根本途径，其应用遍及人工智能的各个领域。机器学习主要使用________而不是演绎。

3．数据在机器学习方法框架中的流动会按顺序经历 3 个过程，分别对应机器学习的三要素——________、________和________。

4．________是“输入空间到输出空间所有映射”的一个集合。

5．机器学习的方法包含________、________、________和________。

三、简答题

1．机器学习的 4 种方法各有什么特点？

2．简述使用 PyCharm 软件建立新的 Python 文件的步骤。

实训题

使用 PyCharm 软件写出一个简单的 Python 代码，输出“Hello Python！”。

项目 2

模型评估与选择

对机器学习而言，无论使用何种算法，模型的评估都是很重要的。通过对模型的评估可以知道模型的好坏与预测结果的准确性，有利于确定模型调整的方向。就模型评估而言，针对不同的问题有不同的评估标准。模型评估作为机器学习领域一项不可分割的部分，却常常被大家忽略，其实在机器学习领域中重要的不仅仅是模型结构和参数数量，对模型的评估也是至关重要的，只有选择那些与应用场景匹配的评估方法才能更好地解决实际问题。我们平时接触的模型评估一般分成离线评估和在线评估两个阶段，针对不同的机器学习问题，我们选择的评价指标也是不同的。所以，了解不同评价指标的意义，针对自己的问题选择不同的评价指标是至关重要的，这也是一位优秀的工程师必须掌握的技能。

思政目标

- 培养学生的自学能力、思维能力和分析概括能力。
- 启发学生整体、动态的多元化思维方式，培养学生自主、合作、探究的学习方式。

教学目标

- 熟练掌握过拟合与欠拟合产生的原因及解决方法。
- 了解训练误差和泛化误差，理解并掌握常用的模型评估方法。
- 理解并掌握常用的分类任务中的性能度量方法以及应用。
- 掌握比较检验的几种方法并加以应用。

任务 1　学习过拟合与欠拟合

【任务描述】

本任务主要介绍过拟合与欠拟合的原理，以及发生过拟合与欠拟合时的解决方法。机器学习的基本问题是利用模型对数据进行拟合，学习的目的并不是对有限训练集进行正确预测，而是能够对未曾在训练集中出现的样本进行正确预测。模型对训练集数据的误差称为经验误差，对测试集数据的误差称为泛化误差。模型对训练集以外样本的预测能力称为模型的泛化能力，追求这种泛化能力始终是机器学习的目标。

【任务目标】

- 了解过拟合与欠拟合出现的原因。
- 掌握过拟合与欠拟合的解决方法。

【知识链接】

1. 过拟合与欠拟合原理

过拟合（overfitting）和欠拟合（underfitting）是导致模型泛化能力不高的两种常见原因，都是模型学习能力与数据复杂度之间失配的结果。“欠拟合”常常在模型学习能力较弱，而数据复杂度较高的情况下出现，此时模型由于学习能力不足，无法学习到数据集中的“一般规律”，因而导致泛化能力弱。与之相反，“过拟合”常常在模型学习能力过强的情况下出现，此时模型学习能力太强，以至于能够捕捉到训练集中单个样本自身的特点，并认为其是“一般规律”，这种情况也会导致模型泛化能力下降。

过拟合与欠拟合的区别在于，欠拟合在训练集和测试集上的性能都较差，而过拟合往往能较好地学习训练集数据的性质，但在测试集上的性能较差。在神经网络训练的过程中，欠拟合主要表现为输出结果的“高偏差”，而过拟合则主要表现为输出结果的“高方差”。欠拟合与过拟合的直观区别如图 2-1 所示。

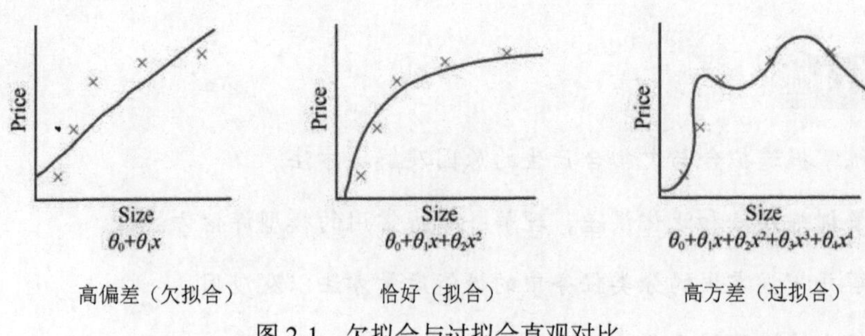

图 2-1　欠拟合与过拟合直观对比

在模型训练过程中，过拟合或者欠拟合现象基本上可以看作一个必然会发生的事件，因为我们将不同模型应用在同一种数据集上来构建某一类策略时，最终会挑出表现最好的模型，所以，无论这项技术复杂与否，这个过程本身就是在过拟合。挑出来的模型比其他模型更好，很可能是因为它对样本数据内的噪声刻画得更精准，而不是发现了一些被其他策略忽视的真实存在于数据之间的因果关系。总之，过拟合或者欠拟合现象在模型训练过程中是不可避免的，但是可以借助一些方法来减少这种现象，下面会具体讲解如何解决这部分问题。

2. 欠拟合

欠拟合指的是模型在训练以及预测时模型表现都不好的情况。从“误差=偏差+方差+噪声”的角度来思考，欠拟合指的就是高偏差的现象，重点在于偏差过大。出现欠拟合现象则说明该模型的特征学习能力较差，不能够学到数据中的有效特征。

欠拟合出现的原因如下。

- 模型复杂度低。模型复杂度低意味着所选模型过于简单，模型简单可能导致欠拟合，例如线性模型只能拟合一次函数的数据。尝试使用更高级的模型有助于解决欠拟合问题，例如使用支持向量机等。
- 特征量过少。由于机器学习不足，特征量过少，也会出现欠拟合问题。可以考虑添加特征来解决，例如从数据中挖掘更多的特征，有时还可以对特征进行变换，或使用组合特征和高次特征等。

欠拟合的情况比较容易克服，常见的解决方法如下。

- 增加新特征。可以考虑通过加入特征组合、高次特征来增大假设空间。
- 添加多项式特征。这是机器学习算法中的常用办法，例如通过添加二次项或者三次项来增强模型的泛化能力。
- 减少正则化参数。正则化的目的是防止过拟合，但是，如果模型出现欠拟合的情况，则需要减少正则化参数。
- 使用非线性模型，比如核 SVM、决策树、深度学习等。
- 调整模型的容量（capacity）。通俗地说，模型的容量是指其拟合各种函数的能力。容量低的模型可能很难拟合训练集。

3. 过拟合

过拟合是指模型对训练数据拟合程度过当的情况，反映在评估指标上，就是模型在训练数据上表现很好，但是在测试数据和新数据上表现较差。从“误差=偏差+方差+噪声”的角度来思考，过拟合指的是，偏差在可接受范围内，但方差过高，造成模型在训练数据上近乎完美，但在新数据上的预测结果跟真实值相差过大的情况。

偏差、方差与噪声的定义如下。

偏差：算法的期望预测与真实结果的偏离程度。偏差刻画了学习算法本身的拟合能力。

方差：同样大小训练集的变动而导致的学习算法性能的变化。方差刻画了因数据扰动而造成的影响。

噪声：在当前任务上任何学习算法所能达到的期望泛化误差的下界。

过拟合出现的原因如下。

- 建模样本选取有误，如样本数量太少、选样方法错误、样本标签错误等，导致选取的样本数据不足以代表预定的分类规则。
- 样本噪声干扰过大，使得机器将部分噪声认作特征，从而扰乱了预设的分类规则。
- 假设的模型无法合理存在，或者说是假设成立的条件实际并不成立。
- 参数太多，导致模型复杂度过高。
- 针对决策树模型，如果不能合理限制生长规模，任由其自由生长，则可能使节点只包含单纯的事件数据（event）或非事件数据（no event）。这导致其虽然可以完美匹配（拟合）训练数据，但是无法适应其他数据集。
- 针对神经网络模型，存在如下两种情况。
  - ◆ 对样本数据来说，分类决策面不唯一，随着学习的进行，BP 算法可能使权值收敛到过于复杂的决策面。
  - ◆ 权值学习迭代次数足够多，拟合了训练数据中的噪声和训练示例中没有代表性的特征。

过拟合的解决方法如下。

1）正则化（L1、L2 正则）

在模型训练的过程中，需要降低损失以达到提高精度的目的。此时，还需要使用正则化的方法直接将权值的大小加入损失值中，在训练的过程中限制权值变大。在训练过程中还需要降低整体的损失。这样做有两方面的原因：一方面，能降低实际输出与样本之间的误差；另一方面，能降低权值大小。

正则一般是指在目标函数之后加上对应的范数。正则化方法包括 L0 正则化、L1 正则化和 L2 正则化。机器学习中一般使用 L2 正则化。

L0 范数是指向量中非 0 元素的个数。而 L1 范数是指向量中各个元素绝对值之和，也叫作“稀疏规则算子”（lasso regularization）。两者都可以实现稀疏性，既然 L0 范数可以实现稀疏，那么为什么不用 L0 范数，而要用 L1 范数？原因如下：

一是 L0 范数很难优化求解；二是因为 L1 范数是 L0 范数的最优凸近似，而且它比 L0 范数更容易优化求解。

L2 范数是指首先对向量各元素的平方求和，然后对平方和求平方根。L2 范数可以使得参数 ***w*** 的每个元素都很小，接近于 0。L2 正则虽然可以使得参数 ***w*** 加剧变小，但是为什么可以防止过拟合呢？因为更小的参数值 ***w*** 意味着模型的复杂度更低，对训练数据的拟合刚刚好，不会过分拟合训练数据，进而提高模型的泛化能力。

2）数据扩增

这是解决过拟合最有效的方法。只要提供足够多的数据，让模型“看见”尽可能多的“例外情况”，它就会不断自我修正，从而得到更好的结果。

数据扩增的方法如下。

- 从数据源头获取更多数据，增加训练集的样本。
- 根据当前数据集估计数据分布参数，使用该分布产生更多数据。一般不推荐使用这种方法，因为在估计分布参数的过程中也会引入抽样误差。
- 数据增强（data augmentation）：通过一定的规则来扩充数据。如在物体分类问题中，物体在图像中的位置、姿态、尺度以及图片的明暗度等都不会影响分类结果，这样我们就可以通过图像平移、翻转、缩放、切割等手段成倍扩充数据集。

3）Dropout

在深度学习网络的训练过程中，可以每次随机按照一定的概率（如 50%）忽略隐藏层的某些节点，这样做相当于从原始的深度学习网络中找到一个更“瘦”的网络。对于一个有 n 个节点的神经网络来说，加入 Dropout 之后，可以看作 2^n 个模型的集合，此时，要训练的参数数目是不变的。

4）早停法

早停法（early stopping）是一种通过截断迭代次数来防止过拟合的方法，即在模型对训练数据集迭代收敛之前停止迭代，以防止过拟合。

具体做法是，在每一轮次（一个轮次意味着训练集中每一个样本都参与了一次训练）结束时计算验证数据（validation data）的精度，当精度不再提高时，就停止训练。当然，我们并不会在精度一降低的时候就停止训练，因为可能经过这一轮训练后，精度降低了，但是在随后的一轮训练中精度又提高了，所以不能根据一两次的降低就判断精度不再提高。

一般的做法是，在训练的过程中，记录到目前为止最好的验证数据，当连续 10 轮训练（或者更多次）都没达到最佳精度时，则可以认为精度不再提高了，此时便可以停止迭代了。这种策略也称为“No-improvement-in-n”，其中，n 即 epoch 的次数（训练集中的每个样本都参与一次训练为一个轮次，称为“一个 epoch”），可以根据实际情况取值，如 10、20、30……

【任务实施】

通过对前面内容的学习，我们已经掌握了一些基本概念。下面借助 Python 代码对欠拟合、拟合和过拟合情况进行展示。在代码清单 2-1 中，首先生成一个立方函数序列，其次加上一些随机噪声，以及一个固定的 offset（偏置），然后调用 NumPy 库中的 polyfit()函数，使用 4 种不同的阶数参数进行拟合，最后将不同的拟合结果绘图展示。

代码清单 2-1　欠拟合、拟合与过拟合示例

```
#导入 NumPy 库和 Matplotlib 库中的绘图工具
%matplotlib inline
import matplotlib.pyplot as plt
import numpy as np

n_dots = 20
x = np.linspace(0,1,n_dots)

#立方函数，加上一些随机噪声，以及一个固定的 offset
y = x**3 + 0.2*np.random.rand(n_dots) -0.1;

#figsize 用于设置图形大小，a 表示宽，b 表示高，dpi 表示像素点
plt.figure(figsize=(18,8),dpi=200)
titles = ['(a) Under Fitting','(b) Fitting','(c) Over Fitting','(d) completely
remembered']
models = [None,None,None,None]

#通过 for 循环和 enumerate()函数可以实现同时输出索引值和元素内容
for index,order in enumerate([1 ,3, 10, 19]):
plt.subplot(2,2, index +1)

#使用 np.polyld()函数进行拟合
p = np.poly1d(np.polyfit(x,y,order))
t = np.linspace(0,1,200)
plt.plot(x,y,'ro',t,p(t),'-',t,t**3,'r--')
models[index] = p
plt.title(titles[index],fontsize=20)
```

运行结果如图 2-2 所示。

由于原曲线是 3 阶函数（虽然加了一些随机噪声），因此用 1 阶线性拟合肯定是不够的。图 2-2（a）所示是一个欠拟合的例子。

用 3 阶函数拟合有随机噪声的 3 阶数据序列比较合适，如图 2-2（b）所示，虽然受到噪声的影响，拟合曲线没有经过所有的点，但是可以看出拟合曲线基本上跟随原数据序列的变化趋势。如果去掉数据生成中的噪声项，例如将表达式代码修改成如下：

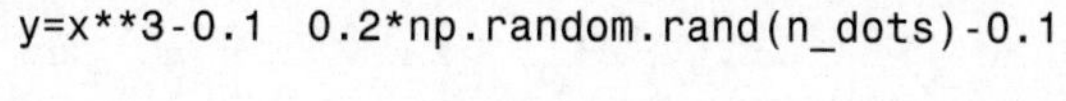

```
y=x**3-0.1 0.2*np.random.rand(n_dots)-0.1
```

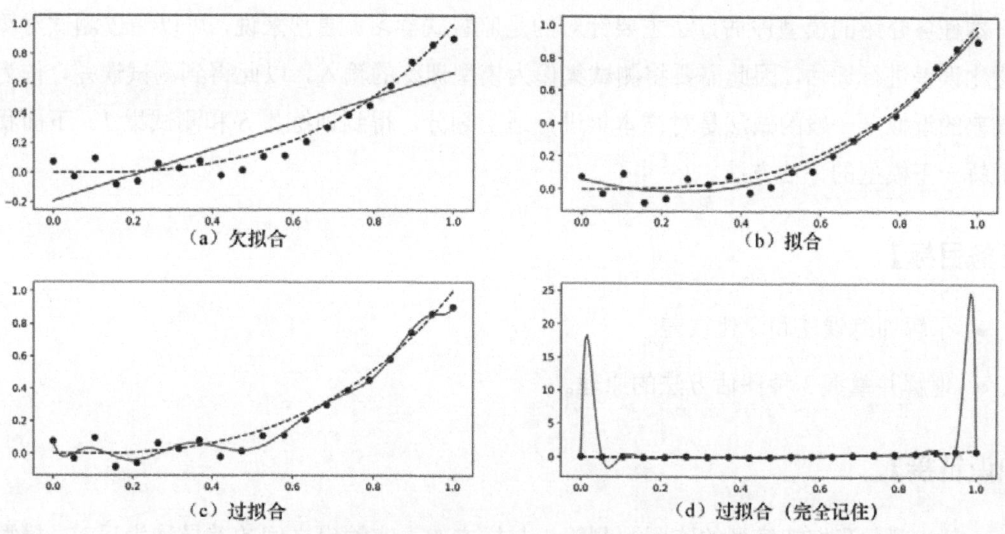

（a）欠拟合　（b）拟合

（c）过拟合　（d）过拟合（完全记住）

图 2-2　欠拟合、拟合与过拟合示例

则会得到 3 阶函数拟合时的曲线，如图 2-3 所示（可以看到，确实是完美的拟合曲线）。

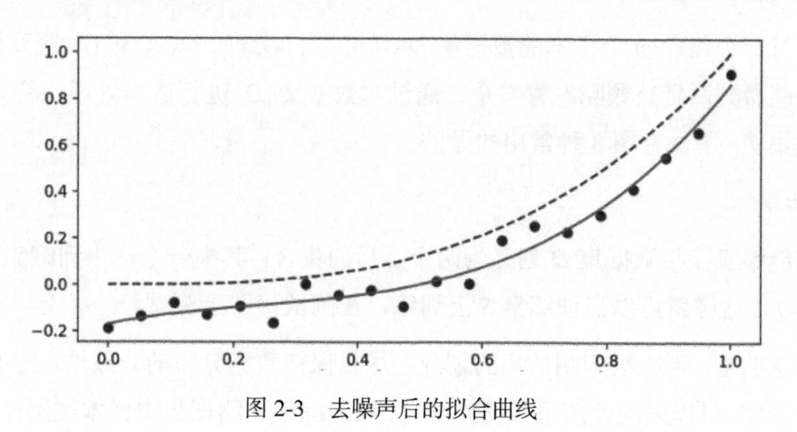

图 2-3　去噪声后的拟合曲线

图 2-2（c）和图 2-2（d）展示了典型的过拟合情况。在图 2-2（d）中，由于参数个数等于数据点数，因此拟合曲线精确地穿过了原数据序列的每一个数据点，通俗来说就是拟合模型记住了每一个数据点。

任务 2　学习评估方法

【任务描述】

在机器学习中，不能将全部数据用于模型训练，否则将没有用于对模型进行验证的数据集，进而无法评估模型的预测效果。

本任务介绍的模型评估方法主要针对的是监督式学习。通常来说，可以通过测试对算法的泛化误差进行评估，因此需要将测试集作为模型训练的输入，以此得到测试误差，作为泛化误差的近似。一般的做法是对样本集进行适当划分，得到训练集 S 和测试集 T。下面我们来了解一下模型的评估方法。

【任务目标】

- 了解训练误差和泛化误差。
- 理解并掌握 3 种评估方法的原理。

【知识链接】

一般来说，我们把模型的实际预测输出与样本的真实输出之间的差异称为误差，模型在训练集上的误差称为训练误差或经验误差，在新样本上的误差称为泛化误差。显然，我们希望得到泛化误差小的模型。

假定只有一个包含 m 个样本的数据集 $D=\{(x_1, y_1), (x_2, y_2),\cdots,(x_m, y_m)\}$，既要训练，又要测试，怎样才能做到两者兼顾呢？答案是：通过对数据集 D 进行适当处理，将其划分为训练集 S 和测试集 T。下面介绍 3 种常用的做法。

1. 留出法

留出法能够直接将数据集 D 划分为两个互斥的集合，其中一个作为训练集 S，另外一个作为测试集 T，这样就可以在训练集 S 上训练，在测试集 T 上测试。

需要注意的是，训练集和测试集的划分要尽量保持数据分布的一致性。比如为保持样本的类别比例一致，可以采用分层采样的方法。如果训练集和测试集中样本类别比例差别很大，可能会导致训练误差产生偏差。

针对留出法，一般采用多次随机划分并将重复进行实验评估后取得的平均值作为评估结果。一般取 2/3 到 4/5 的样本数据用于训练，剩余的样本数据用于测试。

2. 交叉验证法

交叉验证法的做法是，先将数据集 D 划分为 k 个互斥的子集，为保持样本的一致性，每个子集通过分层采样获得，然后每次选择其中的 $k-1$ 个子集作为训练集，剩下 1 个子集作为测试集，从而可以进行 k 次训练和测试，并最终返回 k 次测试结果的平均值。

交叉验证法评估结果的稳定性很大程度上取决于 k 的取值，因此该方法又称 k 折交叉验证。k 常取值为 10。

3. 自助法

自助法以自主采样法为基础，给定包含 m 个样本的数据集 D，对其进行采样，每次从数据集 D 中挑选 1 个样本拷贝放入，之后将挑选的样本放回原数据集 D 中，这样该样本在下次自主采样时，仍有被采集到的可能。重复该过程 m 次，得到包含 m 个样本的数据集。每个样本始终不被采集到的概率是 $\left(1-\frac{1}{m}\right)^m$，取极限得到 $\frac{1}{e}\approx 0.368$。这意味着数据集 D 中大约有 36.8%的样本未被采集到。通过用有放回的抽样方法获得的训练集去训练模型，而未被采集到的样本作为测试集，这样得到的测试结果也常称为“包外估计”。

【任务实施】

1. 留出法的 Python 代码实现

具体步骤如下。

（1）将数据集 D 分为两个互斥集合，需要兼顾模型样本的均衡性，必要时可采用分层抽样的方法。

（2）单次使用留出法结果不够可靠，需要若干次随机划分，重复进行实验评估后取平均值。

（3）通常选择 2/3 到 4/5 的样本作为训练集，剩余作为测试集。

留出法的 Python 代码如代码清单 2-2 所示。

代码清单 2-2 留出法

```
#加载 NumPy 库和 pandas 库
import numpy as np
import pandas as pd
#创建数据集
data=np.random.randint(100,size=[25,4])
#创建分割函数
def split_train(data,test_ratio):
    shuffled_indices=np.random.permutation(len(data))
    test_set_size=int(len(data)*test_ratio)
    test_indices = shuffled_indices[:test_set_size]
    train_indices = shuffled_indices[test_set_size:]
return data[train_indices],data[test_indices]
#划分出训练集，其余作为测试集
train_data,test_data=split_train(data,0.2)
```

2. 交叉验证法的 Python 代码实现

具体步骤如下。

（1）子集划分：先将数据集 D 划分为 k 个大小相似的互斥子集，每个子集 D_i 都通过分层抽样获得。

（2）训练集挑选：每次用 k-1 个子集的并集作为训练集，余下 1 个作为测试集。如此反复 k 次后取平均值。

（3）k 值一般取 10。

交叉验证法的 Python 代码如代码清单 2-3 所示。

代码清单 2-3　交叉验证法

```
#加载 sklearn 库
from sklearn import datasets
from sklearn import metrics
from sklearn.model_selection import KFold,cross_val_score
from sklearn.pipeline import make_pipeline
from sklearn.linear_model import LogisticRegression
from sklearn.preprocessing import StandardScaler

digits = datasets.load_digits()

#创建特征矩阵、目标向量、标准化对象、逻辑斯谛回归对象
features = digits.data
target = digits.target
standardizer = StandardScaler()
logit=LogisticRegression()

#创建包含数据标准化和逻辑斯谛回归的流水线
pipeline = make_pipeline(standardizer,logit)

#创建 k 折交叉验证对象
kf = KFold(n_splits=10,shuffle=True,random_state=1)

#创建 k 折交叉验证
cv_results = cross_val_score(pipeline,features,target,cv=kf,scoring="accuracy")

cv_results
cv_results.mean()
```

3. 自助法的 Python 代码实现

自助法在数据集较小、难以有效划分训练测试集时会有不错的效果。自助法能从初始数据集获得多个训练集，这对集成学习会有很大的好处。但自助法改变了初始数据集的分布，会引入估计偏差。因此，如果训练集数据足够多，更适合采用留出法和交叉验证法。

自助法的 Python 代码如代码清单 2-4 所示。

代码清单 2-4　自助法

```
#加载 NumPy 库
```

```
import numpy as np
data=np.random.randint(100,size=[25,4])
#定义自助法函数
def bootstrap_train(data):
bootstrapping = []
#自助法抽取样本号
for i in range(len(data)):
        bootstrapping.append(np.floor(np.random.random()*len(data)))
    train_set = []
#按样本号抽取样本并保存为train_set
for i in range(len(data)):
  train_set.append(data[int(bootstrapping[i])])

#将train_set存储为np数组
train_set = np.array(train_set)
data_rows = data.view([('',data.dtype)] * data.shape[1])
train_rows = train_set.view([('',train_set.dtype)] * train_set.shape[1])

#data与train_data求差集
test_data=(np.setdiff1d(data_rows,train_rows).view(data.dtype).reshape(-
1,data.shape[1]))

return train_set,test_data
train_data,test_data=bootstrap_train(data)
```

任务3　学习性能度量与检验

【任务描述】

本任务主要介绍分类任务中常用的性能度量。性能度量是衡量模型泛化能力的评判标准。性能度量反映了任务需求，在对比不同模型的能力时，使用不同的性能度量往往会导致不同的评判结果。因此，模型的效果如何，不仅取决于算法和数据，而且取决于任务需求。

【任务目标】

- 理解错误率与精度的概念。
- 理解查准率、查全率与$F1$。
- 了解并掌握ROC曲线和AUC。
- 理解并掌握代价敏感错误率与代价曲线的概念。

- 掌握比较检验的方法。

【知识链接】

对机器学习算法的泛化能力进行评估，不仅需要行之有效的评估方法，而且需要能衡量模型泛化能力的评价标准，这个过程就是性能度量。

给定数据集 $D=\{(x_1, y_1), (x_2, y_2),\cdots,(x_m, y_m)\}$，要评估模型 f 的性能，就需要将预测结果 $f(x)$ 与样本的真实标记 y 进行比较。

回归任务中最常用的性能度量是均方误差。均方误差的定义如下：

$$E(f;D)=\frac{1}{m}\sum_{i=1}^{m}\left(f(x_i)-y_i\right)^2$$

对于数据集 D 和概率密度函数 $p(\cdot)$，均方误差可描述为：

$$E(f;D)=\int_{x\sim D}\left(f(x)-y\right)^2 p(x)\mathrm{d}x$$

下面主要介绍分类任务中常用的性能度量。

1. 错误率与精度

错误率是分类错误的样本数占样本总数的比例，精度则是分类正确的样本数占样本总数的比例。错误率的定义如下：

$$E(f;D)=\frac{1}{m}\sum_{i=1}^{m}\Pi\left(f(x_i)\neq y_i\right)$$

精度的定义如下：

$$\mathrm{acc}(f;D)=1-E(f;D)$$

对于数据集 D 和概率密度函数 $p(\cdot)$，错误率可描述为：

$$E(f;D)=\int_{x\sim D}\Pi\left(f(x)\neq y\right)p(x)\mathrm{d}x$$

2. 查准率、查全率与 F1

对于二分类问题，可以将样本根据真实类别与算法预测类别组合划分为真正例（*TP*）、假正例（*FP*）、真反例（*TN*）和假反例（*FN*）4 种类型。最终得到如表 2-1 所示的分类结果混淆矩阵。

表 2-1 分类结果混淆矩阵

真实情况	预测结果	
	正例	反例
正例	*TP*（真正例）	*FN*（假反例）
反例	*FP*（假正例）	*TN*（真反例）

因此，查准率 P 与查全率 R 分别定义为：

$$P=\frac{TP}{TP+FP}\text{；}\ R=\frac{TP}{TP+FN}$$

查准率与查全率是一对矛盾的度量，查准率高时，查全率往往偏低。以查准率、查全率为轴作图可以得到查准率-查全率曲线，简称 P-R 曲线。若一个算法的 P-R 曲线被另一个算法的 P-R 曲线包住，则可以认为后者的性能优于前者。

平衡点是查准率等于查全率时的取值，可简单用于综合考虑 P、R 的性能，但该方法过于简单。更常用的是 $F1$ 度量：

$$F1=\frac{2PR}{P+R}=\frac{2TP}{N+TP-TN}$$

其中，N 为样例总数。

有时对查准率和查全率的重视程度会有所不同，由此可以导出 $F1$ 度量的一般形式—— F_β：

$$F_\beta=\frac{\left(1+\beta^2\right)PR}{\beta^2P+R}$$

其中，当 $\beta>0$ 时，则用于度量查全率对查准率的相对重要性；当 $\beta=1$ 时，则退化为 $F1$ 度量；当 $\beta<1$ 时，则代表查准率会产生更大的影响，反之查全率会产生更大的影响。

很多时候会有多个二分类混淆矩阵，如在进行多次训练/测试时每次都会得到一个混淆矩阵，或者在多个数据集上进行训练/测试，又或者执行多分类任务，每两类别组合都能得到一个混淆矩阵。针对这些情况的解决方法如下。

（1）在各个混淆矩阵上分别计算 P 和 R，然后通过计算均值得到宏查准率和宏查全率，进而得到宏 $F1$ 度量。

（2）计算各个混淆矩阵对应元素的平均值，得到 TP、FP、TN 和 FN 的平均值，再基于这些平均值计算微查全率等。

3. ROC 和 AUC

ROC 的全称是“受试者操作特征”（Receiver Operating Characteristic）。与 P-R 曲线相似，根据算法的预测结果对示例进行排序，按此顺序逐个把样本作为正例进行预测，每次计算出两个重要量的值，以这两个值为轴作图，就得到了 ROC 曲线。ROC 曲线的纵轴是真正例率（TPR），横轴是假正例率（FPR），分别定义如下：

$$TPR=\frac{TP}{TP+FN}\text{；}\ FPR=\frac{FP}{TN+FP}$$

AUC（Area Under ROC Curve）为 ROC 曲线下各部分的面积之和。

4. 代价敏感错误率与代价曲线

在实际应用中，不同类型的错误产生的代价往往不一样。为权衡不同类型错误造成的不同损失，可为错误赋予“非均等代价”。

以二分类任务为例，可根据任务的领域知识设定一个代价矩阵（cost matrix），用 $\cos t_{ij}$ 表示将第 i 类样本预测为第 j 类样本的代价。

在非均等代价下，我们所希望的不再是简单地最小化错误次数，而是最小化总体代价。设代价敏感错误率为：

$$E(f;D;\cos t)=\frac{1}{m}\left(\sum_{x_i\in D^+}\Pi\big(f(x_i)\neq y_i\big)\cos t_{01}+\sum_{x_i\in D^-}\Pi\big(f(x_i)\neq y_i\big)\cos t_{10}\right)$$

在非均等代价下，ROC 曲线不能直接反映出算法的期望总体代价，可通过代价曲线来实现该目标。代价曲线图的横轴是取值为[0, 1]的正例概率代价：

$$P(+)\cos t=\frac{p\cos t_{01}}{p\cos t_{01}+(1-p)\cos t_{10}}$$

其中，p 是示例为正例的概率。代价曲线的纵轴是取值为[0,1]的归一化代价：

$$\cos t_{norm}=\frac{FNRp\cos t_{01}+FPR(1-p)\cos t_{10}}{p\cos t_{01}+(1-p)\cos t_{10}}$$

5. 比较检验

在机器学习中，算法性能的比较涉及很多方面。这些方面有时相互矛盾，如果我们要比较两个算法的学习性能，不仅需要求出两个关于性能度量的值，然后定量比较，还要考虑评估学习性能的泛化能力、测试集的选择以及算法的随机性，因此引入了机器学习的比较检验问题。常见的比较检验方法有以下几种。

- 假设检验——二项检验。
- 假设检验——t 检验。
- 交叉验证 t 检验。
- McNemar 检验。
- Friedman 检验和 Nemenyi 后续检验。

下面逐一介绍这几种方法。

1）假设检验——二项检验

首先引入如下两个概念。

第一个叫作泛化错误率 e，是指算法在一般情况下，对一个样本分类出错的概率。在实际情况下我们是无法得知它的准确值的。

第二个叫作测试错误率 e'，即算法在测试一个大小为 m 的样本集时恰好有 $e'm$ 个样本被分错类了，一般情况下我们只能获得这个值。

两者的区别是：泛化错误率是一个理论上的值，无法获得，而测试错误率是一个我们可以测量得到的值。统计假设检验的方法就是用 e' 估计 e。

如果用一个泛化错误率为 e' 的算法来测试一个大小为 m 的测试样本集，则只可能得到分对和分错两种情况。其中，$e'm$ 个数据分错，其余的分对。这就是一个典型的二项分布，那么测试错误率的分布函数如下：

$$P(e';e)=\binom{m}{e'm}e^{e'm}(1-e)^{m-e'm}$$

对 $P(e';e)$ 求关于 e 的一阶导数，令 $\partial P(e';e)/\partial e=0$，解得在 $e=e'$ 时，$P(e';e)$ 最大；当 $P(e';e)$ 减小时，就会像二项分布一样。如图 2-4 所示，若 e=0.3，则 10 个样本中测得 3 个被分错类的概率最大。

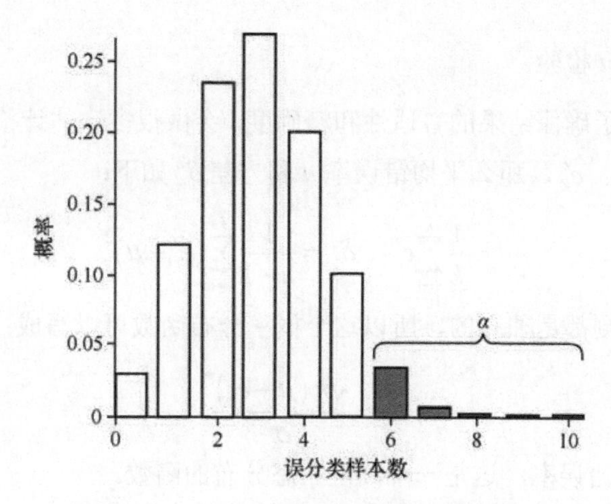

图 2-4　二项分布示意图（m=10，e=0.3）

二项检验如下。

a）前提条件

对于一个分布函数，我们已知这是一个二项分布，但是这个二项分布的参数（二项分布只有一个参数，即正例概率 p，在这个例子中是泛化错误率）的取值是未知的。

b）假设方法

用假设的办法，人为规定一个参数取值的“阈值范围”。在这个例子中，假设 $e\leqslant e_0$，然后根据客观需要或者一些计算公式，再人为设定一个用于检验的置信度 α，这个变量表示出现明显错误的标准。比如这个二项分布中大于 6 的概率为 α，设定阈值为 α，就说明我们认为，如果算法分类错误个数大于 6，就属于明显错误，这个假设是不成立的；反之，$1-\alpha$ 则表示不会出现明显错误的标准，也就是可信任的标准。

我们现在利用 $1-\alpha$ 来推出在这个置信度下假设的 e_0 是不是合理的。

c）判断假设的合理性

将我们设定好的$1-\alpha$的值作为约束，求分布曲线不大于这个值的积分面积。

写成的计算公式如下：

$$\sum_{i=e_0m+1}^{m}\binom{m}{i}e^i(1-e)^{m-i}<1-\alpha$$

意思是对这个条形统计图从最左边的一条开始累加“横坐标和纵坐标的面积”，一直加到刚好不大于 $1-\alpha$ 为止。

我们取出此时的 i，对应的横坐标即可接受的阈值标准，再用预先设定好的 e_0 跟它作比较，若 e_0 小于这个阈值标准，则说明该假设可接受，是合理的假设；否则是不合理的，需要重新假设。

2）假设检验——t 检验

很多时候我们为了确保结果的普适性和精确度，会做很多次估计检测。假设我们得到了 k 个错误率 e_1'，e_2'，…，e_k'，那么平均错误率 μ 和方差 δ^2 如下：

$$\mu=\frac{1}{k}\sum_{i=1}^{k}e_i'\text{；}\quad \delta^2=\frac{1}{k-1}\sum_{i=1}^{k}(e_i'-\mu)^2$$

因为每次估计检测都是独立的，所以这个概率分布函数可以写成：

$$T_t=\frac{\sqrt{k}(\mu-e_0)}{\sigma}$$

其中，e_0 是泛化错误率，这是一个满足正态分布的函数。

接下来我们还是跟二项检验一样，设定一个置信度 α，在正态分布曲线两边的 $\frac{\alpha}{2}$ 处各取一个明显错误区间，如图 2-5 所示。

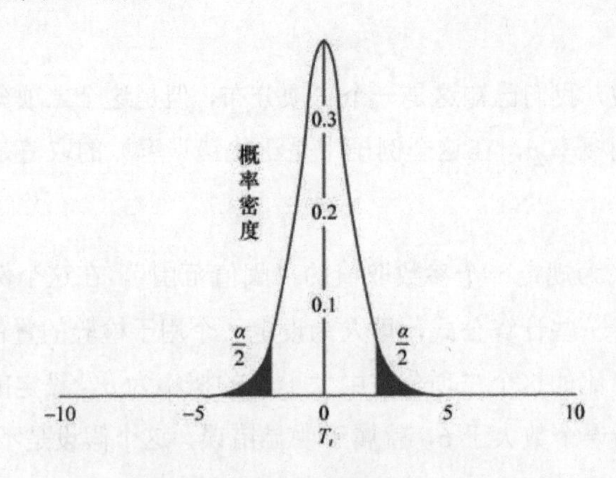

图 2-5　t 分布示意图（k=10）

然后假设一个阈值区间 $\mu=e'$，计算白色图像曲线下的定积分（条形统计图计算方法参照二项检验），将两个假设进行对比，如果 e' 在置信度 α 推出的区间内，则说明是可接受的。

双边 t 检验常用的临界值如表 2-2 所示。

表 2-2　双边 t 检验的常用临界值

α	k				
	2	**5**	**10**	**20**	**30**
0.05	12.706	2.776	2.262	2.093	2.045
0.10	6.314	2.132	1.833	1.729	1.699

这一部分的总体过程跟二项检验很相似，除了公式和分布曲线不一样以外，其余的步骤都可以仿照二项检验的步骤进行，这里不再赘述。

3）交叉验证 t 检验

二项检验和 t 检验这两种方法主要针对单个算法泛化性能的衡量。对多算法来说，则可以用 k 折交叉验证 t 检验来完成。

例如，两个算法 A 和 B 经过 k 次测试的错误率分别为 e_1^A，e_2^A，…，e_k^A，e_1^B，e_2^B，…，e_k^B。其中，e_i^A 和 e_i^B 是经过 k 折训练/测试得到的第 i 折结果，对每一组训练/测试结果求差值：$\Delta_i = e_i^A - e_i^B$。

假设每次测试都是相互独立的，我们就可以把 Δ_1，Δ_2，…，Δ_k 视作 k 次性能差值的独立采样过程，计算出这组数据的均值 μ 和方差 σ^2。

实际上，因为训练集/测试集很容易重叠，所以每一次的测试不一定是相互独立的。我们可以粗略地推测一下，如果训练集/测试集重叠，那么得到的 k 折测试结果是有一定程度的相关性和相似度的，如果还是假设这些测试结果相互独立，也就是说原本“黏合在一起的一堆结果”，我们把它们视作“没有黏合在一起”，那么相当于假设的可接受范围实际上是偏大的，此时将高估假设成立的概率。所以，我们可以采用“5×2 交叉验证”来缓解这个问题。所谓 5×2，就是做 5 次 2 折交叉验证，在每次 2 折交叉验证之前一定要把数据打乱，保证划分不重复。基本思路如下。

- 对于两个算法 A 和 B，每次 2 折交叉验证会产生两组测试错误率，我们对它们分别求差，得到第 1 折上的差值 Δ_i^1 和第 2 折上的差值 Δ_i^2。
- 对第一次 2 折交叉验证的两个结果取平均值 μ'，对每次 2 折交叉验验的实验结果计算方差 σ_i^2，平均值采用之前第一折的均值 μ'。
- 概率分布函数如下。

$$T_i' = \frac{\mu'}{\sqrt{0.2\sum_{i=1}^{5}\sigma_i^2}}$$

为什么这样就可以缓解测试结果之间的独立性问题呢？原因其实很简单。我们的均值只是一次测试结果的一组错误率，此后所有的测试结果在计算方差的时候使用的都是前面的一组错误率，因此方差的大小仅仅跟原始数据和第一次测试的错误率有关。

4）McNemar 检验

McNemar 检验方法的主要思路是针对两个二分类算法的分类结果列出列联表，然后推出两个算法性能差别的卡方分布函数，再作假设检验。接下来大致描述一下这种方法的步骤。

（1）首先对两个算法 *A* 和算法 *B* 的二分类结果列出“列联表”，如表 2-3 所示。

表 2-3　算法 *A* 和算法 *B* 的分类差别列联表

算法 *B*	算法 *A*	
	正确	错误
正确	e_{00}	e_{01}
错误	e_{10}	e_{11}

（2）变量 $|e_{01}-e_{10}|$ 应当服从正态分布，用如下检验方法考虑变量：

$$T_{\chi}^{2}=\frac{\left(|e_{01}-e_{10}|-1\right)^{2}}{e_{01}+e_{10}}$$

这是一个自由度为 1 的卡方分布，剩余的假设检验步骤同上：做出假设置信度、推出可接受的范围，检验假设阈值是否在可接受范围内，最后得出结论。

5）Friedman 检验和 Nemenyi 后续检验

交叉验证 *t* 检验和 McNemar 检验只适用于比对两个算法的情况。当要比对多个算法的时候，显然将算法两两比对太麻烦了，所以需要引入一种可以在同一组数据集上对多个算法进行比对的检验方法。

Friedman 检验法（简称 *F* 检验法）的基本思想是在同一组数据集上，根据测试结果对算法的性能进行排序，赋予序值 1，2，…。若算法的测试性能相同，则平分序值，如表 2-4 所示。

表 2-4　算法比较序值

数据集	算法 *A*	算法 *B*	算法 *C*
D_1	1	2	3
D_2	1	2.5	2.5
D_3	1	2	3
D_4	1	2	3
平均序值	1	2.125	2.875

性能越好，赋予的值就越小。然后计算出每个算法在各个数据集上的平均序值 r_i。

需要注意的是，表 2-4 中的数据只是一个特例。有了这个平均序值并不能完全说明序值小的算法的性能一定更好，因为针对不同的数据集，也许算法 A 会不如算法 B，而且两个算法在同一个数据集上也可能会有相似的结果，所以我们需要估计阈值，来判定哪个算法更好。

假设在 N 个数据集上比较 k 个算法，r_i 的均值和方差分别是$(k+1)/2$ 和$(k^2-1)/12N$，得到分布函数：

$$T_\chi{}^2=\frac{12N}{k(k+1)}\left(\sum_{r=1}^{k}r_i^2-\frac{k(k+1)^2}{4}\right)$$

$$T_F=\frac{(N-1)Tx^2}{N(k-1)-Tx^2}$$

其中，$T_\chi{}^2$为原始 Friedman 检验分布函数，T_F 为 F 检验分布函数。F 检验法的临界值如表 2-5 所示。

表 2-5　*F* 检验法常用临界值

α值	数据集个数 *N*	算法个数 *k*								
		2	3	4	5	6	7	8	9	10
0.05	4	10.128	5.143	3.863	3.259	2.901	2.661	2.488	2.355	2.250
	5	7.709	4.459	3.490	3.007	2.711	2.508	2.359	2.244	2.153
	8	5.591	3.739	3.072	2.714	2.485	2.324	2.203	2.109	2.032
	10	5.117	3.555	2.960	2.634	2.422	2.272	2.159	2.070	1.998
	15	4.600	3.340	2.827	2.537	2.346	2.209	2.104	2.022	1.955
	20	4.381	3.245	2.766	2.492	2.310	2.179	2.079	2.000	1.935
0.1	4	5.538	3.463	2.813	2.480	2.273	2.130	2.023	1.940	1.874
	5	4.545	3.113	2.606	2.333	2.158	2.035	1.943	1.870	1.811
	8	3.589	2.726	2.365	2.157	2.019	1.919	1.843	1.782	1.733
	10	3.360	2.624	2.299	2.108	1.980	1.886	1.814	1.757	1.710
	15	3.102	2.503	2.219	2.048	1.931	1.845	1.779	1.726	1.682
	20	2.990	2.448	2.182	2.020	1.909	1.826	1.762	1.711	1.668

如果“所有算法的性能相同”这个假设被否认，则说明算法的性能显著不同，此时需要进行“后续检验”，来进一步比较算法。因为在前面的步骤中我们了解到这 k 个算法的性能并不完全相同，现在我们需要“找出来”性能不相同的算法，并且比较孰优孰劣。常用的方法有 Nemenyi 后续检验。

下面介绍一下 Nemenyi 后续检验的具体过程。

Nemenyi 后续检验的基本原理是根据两个算法的平均序值之差与 *CD* 值进行比较，如果

均值差超过 CD 值，则说明这两个算法的性能有差别。

CD 值的计算公式如下：

$$CD = q_{\alpha}\sqrt{\frac{k(k+1)}{6N}}$$

其中，q_{α} 值的取值如表 2-6 所示。

表 2-6 Nemenyi 检验中 q_{α} 的值

α值	算法个数 k								
	2	3	4	5	6	7	8	9	10
0.05	1.960	2.344	2.569	2.728	2.850	2.949	3.031	3.102	3.164
0.1	1.645	2.052	2.291	2.459	2.589	2.693	2.780	2.855	2.920

如果两个序值之差大于 CD 值，那么平均序值小的算法在一定程度上要优于平均序值大的算法。

回过头来看，平均序值只是一个参考的方面，我们还需要在 Friedman 检验和 Nemenyi 后续检验的前提下，才可以比较严谨地用平均序值来衡量算法的优劣。

【任务实施】

错误率与精度是分类任务中最常用的性能度量，既适用于二分类任务，也适用于多分类任务。错误率与精度以及 ROC 曲线的 Python 代码如代码清单 2-5 和代码清单 2-6 所示。

代码清单 2-5 错误率与精度

```
#加载 NumPy 包
import numpy as np
from sklearn.metrics import accuracy_score
#准备数据
real = [0,0,1,0,1,0]
pred = [1,0,1,1,1,0]
#错误率
error_rate=1-accuracy_score(real,pred)
#精度
acc=accuracy_score(real,pred)
```

代码清单 2-6 ROC 曲线

```
#加载 NumPy 包和 Matplotlib 包
import numpy as np
import matplotlib.pyplot as plt
#读入 TPR 与 FPR 的数据
true_positive_rate = np.array([0,0.133,0.814,0.983,0.997,1])
false_positive_rate = np.array([0,0.001,0.155,0.629,0.904,1])
```

```
#绘图
plt.title("ROC 曲线")
plt.plot(false_positive_rate,true_positive_rate)
plt.plot([0,1],ls="--")
plt.plot([0,0],[1,0],c=".7"),plt.plot([1,1],c=".7")
plt.xlabel("FPR")
plt.ylabel("TPR")
plt.show()
```

ROC 曲线与 AUC 示意图如图 2-6 所示。

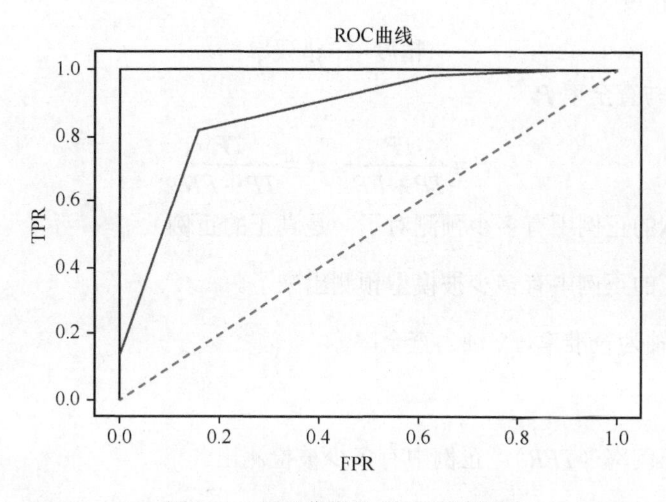

图 2-6　ROC 曲线与 AUC 示意图

项目小结

1. 过拟合与欠拟合

- 过拟合：模型对训练数据拟合程度过当的情况，在训练数据上表现很好，在测试数据和新数据上表现较差。
- 欠拟合：模型在训练和预测时表现都不好的情况。

2. 两种误差

- 训练误差（经验误差）：模型在样本训练集上的误差。
- 泛化误差：模型在新样本上的误差。

3. 评估方法（或者说是测试集的选取方法）

- 留出法。使用分层采样的方法，使训练集和测试集中样本类别比例尽量一样，适用于数据较多的情况。

- 交叉验证法。又称 k 折交叉验证法，将数据集分成 k 组，每次用 $k-1$ 个组作为训练集，剩下 1 组作为测试集，适用于数据较多的情况。

注意：10 次 10 折交叉验证法和 100 次留出法都是训练/测试 100 次。

- 自助法。从含有 m 个数据的样本集 D 随机不放回取样 m 个数据，形成新样本集 D'，D'作为训练集，$D \backslash D'$作为测试集，适用于数据较少的情况。

4. 性能度量

1）错误率与精度

$$精度=1-错误率$$

2）查准率 P 与查全率 P

$$P=\frac{TP}{TP+FP};\ R=\frac{TP}{TP+FN}$$

查准率：预测的正例中有多少预测对了（是真正的正例）。

查全率：真正的正例中有多少被模型预测出来了。

P-R 曲线：y 轴为查准率，x 轴为查全率。

3）ROC 曲线

纵轴——真正例率（TPR）：正例中有多少被检测出。

横轴——假正例率（FPR）：反例中有多少没被检测出（被模型判定为正例）。

AUC：RUC 曲线下各部分的面积之和。

项目拓展

超参数调优的方法

大多数学习算法都有些参数需要设定。参数配置不同，学习的模型的性能往往有显著的差别，这就是通常说的“参数调节”，简称“调参”。接下来介绍 3 种超参数搜索算法。

1）网格搜索

网格搜索可能是最简单、应用最广泛的超参数搜索算法。它通过查找搜索范围内的所有的点来确定最优值。如果采用较大的搜索范围以及较小的步长，那么网格搜索很大概率可以找到全局最优值。然而，这种搜索方案十分消耗计算资源和时间，特别是在需要调优的超参数比较多的时候。因此，在实际应用中，一般首先使用较广的搜索范围和较大的步长进行网格搜索，以寻找全局最优值可能的位置；然后逐渐缩小搜索范围和步长，以寻找更精确的最优值。这种操作方案可以降低所需的时间和计算量，但由于目标函数一般是非凸的，因此很可能会错过全局最优值。

2）随机搜索

随机搜索的思路与网格搜索比较相似，只是不再测试上界和下界之间的所有值，而是在搜索范围中随机选取样本点。它的理论依据是，如果样本点集足够大，那么通过随机采样大概率能找到全局最优值，或其近似值。随机搜索一般会比网格搜索要快一些，但是和网格搜索的快速版一样，它的结果也是无法保证的。

3）贝叶斯优化算法

贝叶斯优化算法在寻找最优值参数时，采用了与网格搜索、随机搜索完全不同的方法。网格搜索和随机搜索在测试一个新点时，会忽略前一个点的信息，而贝叶斯优化算法则充分利用了之前的信息。贝叶斯优化算法通过对目标函数形状进行学习，找到使目标函数向全局最优值提升的参数。具体来说，它学习目标函数形状的方法是：首先，根据先验分布，假设一个搜集函数；其次，在每一次使用新的采样点来测试目标函数时，利用得到的信息来更新目标函数的先验分布；最后，算法测试由后验分布推算出全局最优值最可能出现的点。对于贝叶斯优化算法，有一个需要注意的地方，那就是一旦找到了一个局部最优值，它便会在该区域不断采样，所以很容易陷入局部最优值。为了弥补这个缺陷，贝叶斯优化算法会在探索和利用之间找到一个平衡点，“探索”就是在还未取样的区域获取采样点；而“利用”则是根据后验分布，在最可能出现全局最优值的区域进行采样。

思考与练习

理论题

一、选择题

1. 模型在新样本上的误差称作（　　）。

A. 泛化误差　　B. 经验误差　　C. 学习误差　　D. 训练误差

2. 模型选择的关键问题有（　　）。

A. 评估方法　　B. 性能度量

C. 比较检验　　D. 以上三个选项都是关键问题

3. 使用下列（　　）方法可以用来获得从原始数据集中划分出的“测试集”。

A. 留出法　　B. 交叉验证法

C. 自助法　　D. 以上三个选项都可以

4. 收购西瓜的公司希望把瓜摊的好瓜尽量收走，可知该公司的评价标准是（　　）。

A．错误率　　B．精度　　C．查准率　　D．查全率

5．当学习任务对数据分布的轻微变化比较鲁棒且数据量较少时，适合使用的数据集划分方式是（　　）。

A．留出法　　B．交叉验证法

C．自助法　　D．以上三个选项都可以

6．我们通常将数据集划分为训练集、验证集和测试集以进行模型的训练，参数的验证需要在（　　）进行，参数确定后（　　）重新训练模型。

A．训练集　需要　　B．训练集　不需要

C．验证集　需要　　D．验证集　不需要

二、填空题

1．训练模型时，选择经验误差最小的模型会存在_____风险。

2．两种算法在某种度量下取得评估结果后，是否可以直接比较以评价优劣。______

3．对于从数据(0, 1), (1, 0), (1, 2), (2, 1)通过最小二乘拟合的不带偏置项的线性模型 $y=x$，其训练误差（均方误差）为_________（保留 3 位小数）。

4．使用留出法对数据集进行划分时，为了保持数据分布的一致性，可以考虑______采样。

三、简答题

1．试述真正例率（*TPR*）、假正例率（*FPR*）、查准率（*P*）、查全率（*R*）之间的关系。

2．假设数据集包含 1000 个样本，其中包括 500 个正例与 500 个反例，如果想要将其划分为包含 70%样本的训练集和 30%样本的测试集，用于留出法评估，试估计有多少种划分方式。

实训题

请读者尝试自行下载 Jupyter 软件，并且调试运行本项目的所有 Python 代码。

项目 3

回归算法与应用

回归算法是监督式学习算法的一种，该算法通过利用训练集数据来建立学习模型，再利用这个模型去预测一些测试集数据。本项目主要介绍线性回归、Lasso 回归、神经网络、逻辑斯谛回归的概念及其算法应用等。针对线性回归和逻辑斯谛回归模型，本项目主要介绍梯度下降原理及其应用。

思政目标

- 教导学生围绕国家重点需求，攻克科研难题，培养埋头苦干、奋勇前进的精神。
- 教导学生加强理想信念教育，拥有坚定的理想信念，培塑科学精神。

教学目标

- 了解回归预测问题。
- 掌握线性回归的概念及其算法应用。
- 掌握 Lasso 回归的概念及其算法应用。
- 掌握神经网络的概念及其算法应用。
- 掌握逻辑斯谛回归的概念及其算法应用。

任务 1　学习回归预测问题

【任务描述】

本任务主要介绍回归预测问题。通过本任务的学习，读者应该掌握回归算法知识和解决回归预测问题的方法，以便进一步学习机器学习中的回归算法。

【任务目标】

- 了解回归分析预测法。
- 了解回归分析预测法的分类。
- 了解应用回归预测法时应注意的问题。
- 掌握线性回归预测法的基本概念及算法应用。

【知识链接】

回归这一概念最早由 Francis Galton 提出。Galton 在根据上一年的豌豆种子的尺寸预测下一代豌豆种子的尺寸时首次使用了回归预测。之后他又在大量的对象上应用了回归分析，包括人的身高等。他注意到，如果双亲的身高比平均身高高，则他们的子女也倾向于比平均身高高。孩子的身高会向着平均高度回退（回归）。Galton 在多项研究上都注意到类似的现象，所以尽管这个单词跟数值预测没有任何关系，但是仍然可以把这种方法称为回归。

回归问题是机器学习三大基本模型中很重要的一环，其功能是建模和分析变量之间的关系。回归问题多用来预测一个具体的数值，如预测房价、未来的天气情况等。例如我们可以根据一个地区若干年的 PM2.5 数值变化来估计某一天该地区的 PM2.5 值，若预测值与当天实际数值越接近，则回归分析算法的可信度越高。

回归问题的主要求解流程如下。

步骤 1：选定训练模型，即我们为程序选定一个求解框架，如线性回归模型（Linear Regression Model）等。

步骤 2：导入训练集 train_set，即给模型提供大量可供学习参考的正确数据。

步骤 3：选择合适的学习算法，借助训练集中大量的输入输出结果，让程序不断优化输入数据与输出数据间的关联性，从而提升模型的预测准确度。

步骤 4：在训练结束后让模型预测结果。我们为程序提供一组新的输入数据，模型便可根据训练集的学习成果来预测这组输入对应的输出值。

【任务实施】

1. 回归分析预测法的概念

回归分析预测法是在分析市场现象自变量和因变量之间相关关系的基础上，建立变量之间的回归方程，并将回归方程作为预测模型，根据自变量在预测期的数量变化来预测因变量关系。

2. 回归分析预测法的分类

根据相关关系中自变量数量的不同，可分为一元回归分析预测法和多元回归分析预测法。在一元回归分析预测法中，自变量只有一个，而在多元回归分析预测法中，自变量有两个及以上。

根据自变量和因变量之间的相关关系不同，可分为线性回归预测和非线性回归预测。

3. 应用回归预测法时应注意的问题

应用回归预测法时应首先确定变量之间是否存在相关关系。正确应用回归分析预测时应注意如下问题。

- 用定性分析判断现象之间的依存关系。
- 避免回归预测的任意外推。
- 应用合适的数据资料。

4. 回归分析预测法的步骤

回归分析预测法的步骤如下。

步骤 1：根据预测目标，确定自变量和因变量。

明确预测的具体目标，也就确定了因变量。如预测的具体目标是下一年度的销售量，那么销售量 Y 就是因变量。我们需要通过市场调查并查阅资料，寻找与预测目标相关的影响因素，即自变量，并从中选出主要的影响因素。

步骤 2：建立回归预测模型。

依据自变量和因变量的历史统计资料进行计算，在此基础上建立回归分析方程，即回归分析预测模型。

步骤 3：进行相关分析。

回归分析是对具有因果关系的影响因素（自变量）和预测对象（因变量）所进行的数理统计分析处理。只有当自变量与因变量确实存在某种关系时，建立的回归方程才有意义。因此，作为自变量的因素与作为因变量的预测对象是否有关，相关程度如何，以及判断这种相关程度的把握性有多大，就成为进行回归分析必须解决的问题。如果要进行相关分析，一般要求出相关关系，以相关系数的大小来判断自变量和因变量的相关程度。

步骤 4：检验回归分析预测模型，计算预测误差。

回归分析预测模型是否可用于实际预测，取决于对回归预测模型的检验和对预测误差的计算。回归分析方程只有通过各种检验，且预测误差较小，才能将其回归方程作为回归分析预测模型进行预测。

步骤 5：计算并确定预测值。

利用回归分析预测模型计算预测值，并对预测值进行综合分析，以确定最后的预测值。

任务 2　学习线性回归

【任务描述】

线性回归算法是机器学习的基础，蕴含着重要的基本思想。很多机器学习的算法都是从基础算法演变而来的。若函数曲线为一条直线，则称为线性回归；若函数曲线为一条二次曲线，就称为二次回归。

本任务主要介绍线性回归及其算法应用。通过本任务的学习，读者应该掌握损失函数、梯度下降、线性回归原理及代码实现过程。

【任务目标】

- 了解线性回归的概念。
- 了解线性回归的损失函数。
- 了解线性回归的梯度下降。
- 掌握梯度下降的应用方法。
- 掌握使用线性回归模型对“美国波士顿房价”数据进行预测的方法。

【知识链接】

1. 微分

优化函数是一个连续可微的函数。可微，即可微分，指在函数的任意定义域上存在导数。如果导数存在且是连续函数，则原函数是连续可微的。函数的导数（近似于函数的微分）有以下两种理解方式。

- 函数在某点切线的斜率即函数在该点处的导数值。
- 函数在某点的导数值反映函数在该处的变化率，导数值越大，原函数值变化越快。

2. 梯度

以二元函数 $z=(x;y)$为例，假设其对每个变量都具有连续的一阶偏导数 $\frac{\partial z}{\partial x}$ 和 $\frac{\partial z}{\partial y}$，则这两个偏导数构成的向量 $\left[\frac{\partial z}{\partial x},\frac{\partial z}{\partial y}\right]$ 即为该二元函数的梯度向量，一般记作 $\nabla f(x,y)$ 。

在一元函数中，梯度其实就是微分，即函数的变化率，而在多元函数中，梯度则为向量，同样表示函数变化的方向。从几何意义上说，梯度的方向表示的是函数增加最快的方向。在多元函数中，梯度向量的模（一般指二模）表示函数变化率，同样地，模数值越大，变化率越大。

3. 学习率 α

学习率也被称为迭代的步长。由于优化函数的梯度一般是不断变化的（梯度的方向随梯度的变化而变化），因此需要一个适当的学习率约束每次下降的距离。

4. 线性回归算法的优缺点

线性回归算法的优点如下。

- 思想简单，实现容易。线性回归算法建模迅速，对于小数据量、简单的关系来说很有效。
- 是许多强大的非线性模型的基础。
- 线性回归模型十分容易理解，结果具有很好的可解释性，有利于决策分析。
- 蕴含机器学习中的很多重要思想。
- 能解决回归问题。

线性回归算法的缺点如下。

- 对于非线性数据或者数据特征间具有相关性的多项式回归来说，难以建模。
- 难以很好地表达高度复杂的数据。

5. 应用实例

线性回归在各个领域都有广泛的应用。以下是几个常见的示例。

- 经济学：预测商品价格、评估经济指标对股票市场的影响等。
- 医学研究：分析药物剂量与治疗效果的关系、预测疾病发展趋势等。

- 市场营销：了解广告投入和销售额之间的关系、分析市场趋势等。
- 社会科学：研究教育水平与收入之间的关联、预测人口增长等。

线性回归作为一种基础的统计学方法，具有广泛的应用领域和简单的数学原理。它在数据分析和预测中发挥着重要作用，能够提供有关变量关系和未来趋势的有用信息。然而，我们也应该注意到线性回归的局限性，特别是在处理非线性关系、异常值和多重共线性等问题时需要谨慎。通过深入理解线性回归的原理和应用场景，我们可以更好地利用这一工具，为未来的预测提供线索。

【任务实施】

1. 线性回归的概念

线性回归表示为一个方程，它描述了一条线，通过寻找输入变量系数 B 的特定权重，拟合输入变量（x）和输出变量（y）之间的关系。图3-1展示了一个线性回归的示例。

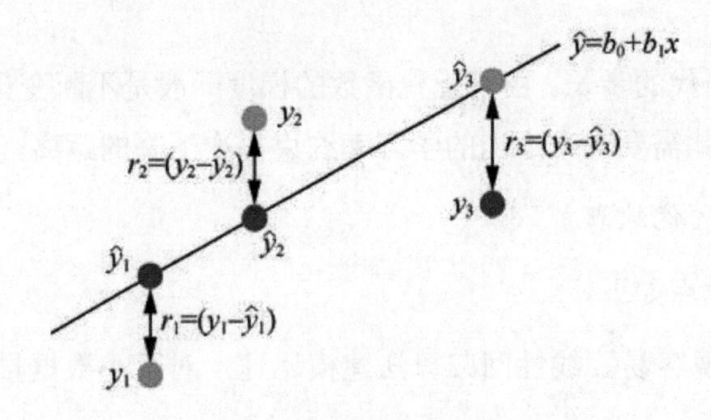

图3-1 线性回归示例

例如，

$$y = B_0 + B_1 x \tag{3-1}$$

我们将在给定输入 x 的情况下预测输出 y。线性回归学习算法的目标是找到系数 B_0 和 B_1 的值。可以使用不同的技术从数据中学习线性回归模型，如普通最小二乘的线性代数解和梯度下降优化。

2. 线性回归解决什么问题

对大量的观测数据进行处理，从而得到比较符合事物内部规律的数学表达式。也就是说，寻找数据与数据之间的规律，从而模拟出结果。最终解决的就是通过已知数据得到未知结果的问题。例如对房价的预测、判断信用评价、电影票房预估等。

3. 损失函数

模型设定好之后，将训练数据代入式（3-1）中，就可以得到一个预测值：

$$y^{(i)} = \boldsymbol{\theta}^{\mathrm{T}} x^{(i)} + \varepsilon^{(i)} \tag{3-2}$$

式（3-2）左侧为训练样本的真实值，式（3-2）右侧为模型的预测值以及真实值和预测值的差。

当训练样本的数据量足够大时，根据中心极限定律可以得到ε满足$(\mu, \ \sigma^2)$高斯分布。

使μ为 0，则概率分布如下：

$$\begin{aligned} p(\varepsilon^{(i)}) &= \frac{1}{\sqrt{2\pi}} \exp(-\frac{(\varepsilon^{(i)})^2}{2\sigma^2}) \\ p(y^{(i)} \mid x^{(i)}; \boldsymbol{\theta}) &= \frac{1}{\sqrt{2\pi\sigma}} \exp(-\frac{(y^{(i)} - \boldsymbol{\theta}^{\mathrm{T}} x^{(i)})^2}{2\sigma^2}) \end{aligned} \tag{3-3}$$

将每一个样本 x 代入式（3-3）都会得到一个 y 的概率，且设定样本都是独立分布的，对式（3-3）求最大似然函数：

$$L(\boldsymbol{\theta}) = \prod_{i=1}^{m} p(y^{(i)} \mid x^{(i)}; \boldsymbol{\theta}) \tag{3-4}$$

可以对式（3-4）求对数，从而进一步简化后得到$l(\boldsymbol{\theta}) = \log L(\boldsymbol{\theta})$。因在定值优化时无需考虑某些数值，因此可以得到下式：

$$J(\boldsymbol{\theta}) = \frac{1}{2} \sum_{i=1}^{m} (h_{\boldsymbol{\theta}}(x) - y^{(i)})^2 \tag{3-5}$$

4. 梯度下降

根据计算梯度时所用数据量不同，梯度下降算法可以分为 3 种基本方法：批量梯度下降法（Batch Gradient Descent，BGD）、随机梯度下降法（Stochastic Gradient Descent，SGD）以及小批量梯度下降法（Mini-batch Gradient Descent，MBGD）。

梯度下降法的一般求解步骤如下。

步骤 1：给定待优化连续可微函数$J(\boldsymbol{\theta})$、学习率α以及一组初始值$\boldsymbol{\theta}_0 =$（$\boldsymbol{\theta}_{01}$，$\boldsymbol{\theta}_{02}$,…，$\boldsymbol{\theta}_{0l}$）。

步骤 2：计算待优化函数梯度$\nabla J(\boldsymbol{\theta}_0)$。

步骤 3：更新迭代公式$\boldsymbol{\theta}^{0+1} = \boldsymbol{\theta}_0 - \alpha \nabla J(\boldsymbol{\theta}_0)$。

步骤 4：计算$\boldsymbol{\theta}^{0+1}$处的函数梯度$\nabla J(\boldsymbol{\theta}_{0+1})$。

步骤 5：计算梯度向量的模来判断算法是否收敛，$\|\nabla J(\boldsymbol{\theta})\| \leqslant \varepsilon$。

步骤 6：若收敛，算法停止，否则根据迭代公式继续迭代。

在后面的介绍中，为了便于理解，我们均假设待优化函数为二模损失函数：

$$J(\boldsymbol{\theta}) = \frac{1}{2n} \sum_{i=1}^{n} (h_{\boldsymbol{\theta}}(x^{(i)}) - y^{(i)})^2 \tag{3-6}$$

其中，n 为样本个数，也可以理解为参与计算的样本个数；$\frac{1}{2}$ 是一个常数，在求偏导数时方便与平方抵消，不影响计算复杂度与计算结果；$x^{(i)}$与 $y^{(i)}$为第 i 个样本的输入与输出。

下面我们分别介绍3种梯度下降方法。

1）批量梯度下降法

批量梯度下降法在计算优化函数的梯度时会利用全部样本数据。梯度计算公式如下：

$$\frac{\partial J(\boldsymbol{\theta})}{\partial \boldsymbol{\theta}_j}=\frac{1}{n}\sum_{i=1}^{n}(h_{\boldsymbol{\theta}}(x^{(i)})-y^{(i)})x_j^{(i)} \tag{3-7}$$

通过批量梯度下降法计算梯度时，需要使用全部样本数据，分别计算梯度后除以样本个数（取平均），以此作为一次迭代使用的梯度向量。

迭代公式为：

$$\boldsymbol{\theta}=\boldsymbol{\theta}-\eta\nabla_{\boldsymbol{\theta}}J(\boldsymbol{\theta}) \tag{3-8}$$

伪代码如下。

```
for i in range(max_iters):
    grad = evaluate_gradient(loss_function, data, initial_params)
    params = params - learning_rate * grad
```

2）随机梯度下降法

随机梯度下降法在计算优化函数的梯度时会利用随机选择的一个样本数据。梯度计算公式如下：

$$\frac{\partial J(\boldsymbol{\theta})}{\partial \boldsymbol{\theta}_j}=(h_{\boldsymbol{\theta}}(x^{(i)})-y^{(i)})x_j^{(i)} \tag{3-9}$$

由于随机梯度下降法中只有一个样本数据参与梯度计算，因此可以省略求和以及求平均值的过程。这种方法不仅降低了计算复杂度，而且提升了计算速度。

迭代公式为：

$$\boldsymbol{\theta}=\boldsymbol{\theta}-\eta\nabla_{\boldsymbol{\theta}}J(\boldsymbol{\theta};x^{(i)};y^{(i)}) \tag{3-10}$$

伪代码如下。

```
for i in range(max_iters):
    np.random.shuffle(data)
    for sample in data:
        grad = evaluate_gradient(loss_function, sample, initial_params)
        params = params - learning_rate * grad
```

3）小批量梯度下降法

小批量梯度下降法在计算优化函数的梯度时会利用随机选择的一部分样本数据。梯度计算公式如下：

$$\frac{\partial J(\boldsymbol{\theta})}{\partial \boldsymbol{\theta}_j} = \frac{1}{k}\sum_{i}^{i+k}(h_{\boldsymbol{\theta}}(x^{(i)}) - y^{(i)})x_j^{(i)} \tag{3-11}$$

小批量梯度下降法使用一部分样本数据〔式（3-11）中为 k 个〕参与计算，既降低了计算复杂度，又保证了解的收敛性。

迭代公式为：

$$\boldsymbol{\theta} = \boldsymbol{\theta} - \eta \nabla_{\boldsymbol{\theta}} J(\boldsymbol{\theta}; x^{(i;i+k)}; y^{(i;i+k)}) \tag{3-12}$$

伪代码如下（假设每次选取 50 个样本参与计算）。

```
for i in range(max_iters):
    np.random.shuffle(data)
    for batch in get batches(data, batch_size=50):
        grad = evaluate_gradient(loss_function, batch, initial_params)
        params = params - learning_rate * grad
```

3 种方法的优缺点对比如表 3-1 所示。

表 3-1　3 种方法的优缺点对比

项目	批量梯度下降法	随机梯度下降法	小批量梯度下降法
优点	非凸函数可保证收敛至全局最优解	计算速度快	计算速度快，收敛稳定
缺点	计算速度缓慢，不允许新样本中途进入	计算结果不易收敛，可能会陷入局部最优解中	—

接下来我们使用 sklearn 中内置的回归模型对“美国波士顿房价”数据进行预测（相关数据可从 Kaggle 官网上获取）。Python 代码如代码清单 3-1 至代码清单 3-5 所示。

代码清单 3-1　数据描述

```
from sklearn.datasets import load_boston
boston = load_boston()
```

代码清单 3-2　数据分割

```
from sklearn.model_selection import train_test_split
import numpy as np
X = boston.data
y = boston.target
X_train,X_test,y_train,y_test = train_test_split(X,y,random_state=33,test_size = 0.25)
```

代码清单 3-3　数据标准化处理

```
from sklearn import preprocessing
# 初始化标准化器
min_max_scaler = preprocessing.MinMaxScaler()
# 分别对训练数据和测试数据的特征以及目标值进行标准化处理
X_train = min_max_scaler.fit_transform(X_train)
```

```
y_train = min_max_scaler.fit_transform(y_train.reshape(-1,1))
X_test = min_max_scaler.fit_transform(X_test)
y_test = min_max_scaler.fit_transform(y_test.reshape(-1,1))
```

代码清单 3-4　使用线性回归模型和梯度下降对数据进行预测

```
from sklearn.linear_model import LinearRegression
lr = LinearRegression()
lr.fit(X_train,y_train)
lr_y_predict = lr.predict(X_test)
from sklearn.linear_model import SGDRegressor
sgdr = SGDRegressor()
sgdr.fit(X_train,y_train)
sgdr_y_predict = sgdr.predict(X_test)
```

代码清单 3-5　性能测试

```
from sklearn.metrics import mean_squared_error
print('线性回归模型的均方误差为：',mean_squared_error(y_test,lr_y_predict))
print('梯度下降的均方误差为：',mean_squared_error(y_test,sgrdr_y_predict)))
```

这里通过均方误差（Mean Squared Error，MSE）进行测试评价。计算公式如下：

$$\mathrm{MSE}=\frac{1}{m}\sum_{i=1}^{m}(y^i-\overline{y})^2 \tag{3-13}$$

任务 3　学习 Lasso 回归

【任务描述】

本任务主要介绍 Lasso 回归及其算法应用。通过本任务的学习，读者应该掌握 Lasso 回归方法，了解 Lasso 方法是以缩小变量集（即降阶）为思想的压缩估计方法。

【任务目标】

- 掌握 Lasso 回归的基本概念。
- 掌握 Lasso 回归算法的应用方法。

【知识链接】

Lasso 回归是一种非常实用的特征选择方法，可以在回归问题中发挥重要作用。下面列举一些 Lasso 回归的应用场景。

- 基因选择和表达：Lasso 回归可以用于基因选择和表达问题。在基因选择问题中，Lasso

回归可以有效地筛选出新的重要基因，从而帮助诊断和治疗疾病。

- 金融风险评估：Lasso 回归可以在金融领域中进行风险评估。例如，它可以帮助证明一组投资组合中的某些资产比其他资产更重要。
- 市场营销：Lasso 回归可以应用于市场营销的广告点击率预测问题，以确定网站应该购买哪些关键字以提高广告的点击率（Click-Through Rate，CTR）。
- 工业质量控制：Lasso 回归可以用于工业质量控制，以预测某些变量是否会影响产品的质量。
- 材料科学：Lasso 回归可以应用于材料科学领域。当需要确定不同化学成分对于材料性能和特性的贡献大小并作为起点以进一步优化时，Lasso 回归可以用来选择重要的化学成分。

Lasso 回归和岭回归之间存在一些差异，基本上可以归结为 L2 和 L1 正则化的性质差异。

- 内置的特征选择：这是 L1 范数的一个非常有用的属性，而 L2 范数不具有这种特性。这实际上因为是 L1 范数倾向于产生稀疏系数。例如，假设模型有 100 个系数，但其中只有 10 个系数是非零系数，这实际上说明“其他 90 个变量对预测目标值没有用处”。而因为 L2 范数会产生非稀疏系数，所以没有这个属性。因此，可以说 Lasso 回归做了一种“参数选择”形式，未被选中的特征变量对整体的权重为 0。
- 稀疏性：指矩阵（或向量）中只有极少数条目非零。L1 范数有倾向于产生具有零值系数或具有很少大系数的属性。
- 计算效率：L1 范数没有解析解，但 L2 范数有。这使得 L2 范数的解可以通过计算得到。然而，L1 范数的解具有稀疏性，这使得它可以与稀疏算法一起使用，从而使其在计算上更有效率。

【任务实施】

Lasso 回归是一种求解线性回归模型的方法，其主要思想是在优化目标函数时不仅要考虑回归系数的拟合程度，还要考虑回归系数的绝对值大小，以此来实现特征选择。

Lasso 回归的目标函数是在线性回归的基础上增加了 L1 正则化项，即：

$$\min_{\theta}\frac{1}{2m}\sum_{i=1}^{m}\left(h_{\theta}(x^{(i)})-y^{(i)}\right)^{2}+\lambda\sum_{j=1}^{n}\theta_{j}^{2} \tag{3-14}$$

其中，$\lambda\sum_{j=1}^{n}\theta_j^2$ 就是正则化项，λ 为正则化参数。

与常规的线性回归不同，在优化目标函数时，由于 Lasso 回归会让一些回归系数变为 0，因此 Lasso 回归可以用于特征选择。具体地，当 λ 较大时，许多系数变为 0，相应地，最终模型中包含的特征也减少了。

Lasso 回归在高维数据的特征选择方面具有较高的性能，由于其目标函数的形式特殊，可以直接应用优化算法求解，因此求解速度比较快。

Lasso 回归算法的 Python 代码如代码清单 3-6 所示。

代码清单 3-6　Lasso 回归算法应用

```
import pandas as pd
    import numpy as np
    from sklearn import model_selection
    from sklearn.linear_model import Lasso,LassoCV
    from sklearn.metrics import mean_squared_error
    from sklearn.datasets import load_diabetes

    data= load_diabetes()

    print(data)
    x_train,x_test,y_train,y_test=model_selection.train_test_split(data.data,data
.target,

test_size=0.2,random_state=1234)
    #构造不同的 lambda 值
    Lambdas=np.logspace(-5,2,200)
    #设置交叉验证的参数，使用均方误差评估
    lasso_cv=LassoCV(alphas=Lambdas,normalize=True,cv=10,max_iter=10000)
    lasso_cv.fit(x_train,y_train)

    #基于最佳 lambda 值建模
    lasso=Lasso(alpha=lasso_cv.alpha_,normalize=True,max_iter=10000)
    lasso.fit(x_train,y_train)
    #打印回归系数
    print(lasso.coef_)
    #模型评估
    lasso_pred=lasso.predict(x_test)
    #均方误差
    MSE=mean_squared_error(y_test,lasso_pred)
    print(MSE)
```

任务 4　学习神经网络

【任务描述】

如图 3-2 所示，已知 4 个数据点：(1, 1)，(−1,1)，(−1,−1)，(1, −1)，这 4 个点分别位于 I~IV 象限，如果这时给我们一个新的坐标点〔比如(2, 2)〕，那么它应该属于哪个象限呢？我们当然知道是第 I 象限，而让机器判断出该点属于哪个象限就是我们要做的。这时我们就要借助神经网络来完成这个分类任务。

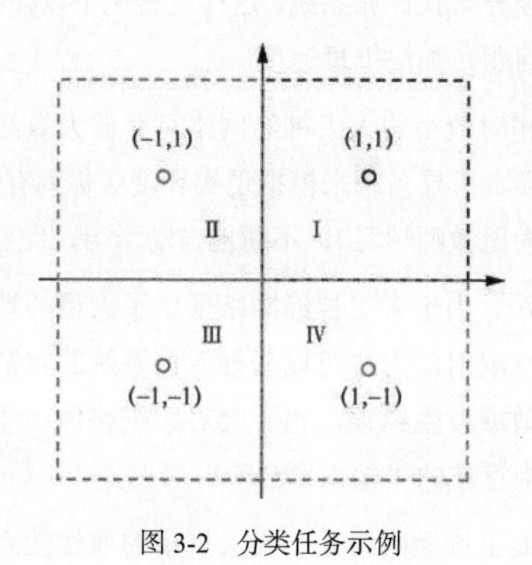

图 3-2　分类任务示例

【任务目标】

- 了解神经网络的基本概念。
- 了解神经网络的基本特征及构成。
- 掌握神经网络算法的应用方法。

【知识链接】

智能是个体有目的的行为，有合理的思维以及有效适应环境的综合能力，或者说智能是个体认识客观事物和运用知识解决问题的能力。

人工智能的概念最早在 1956 年被提出，它主要研究怎样让计算机模仿人脑从事推理、设计、思考、学习等思维活动，以解决和处理较复杂的问题。简单地说，人工智能就是研究如何让计算机模仿人脑进行工作。

人工神经网络（Artificial Neural Network，ANN）是一种旨在模仿人脑结构及其功能的脑式智能信息处理系统，通常以数学和物理的方法以及信息处理的角度对人脑神经网络进行抽象，并建立某种简化模型。简单地说，它是一种数学模型，可以用电子线路来实现，也可以通过计算机程序来模拟，是人工智能的一种研究方法。

人工神经网络由于模拟了大脑神经元的组织方式而具有了人脑功能的一些基本特征，为人工智能的研究开辟了新的途径。人工神经网络具有如下优点。

- 并行分布性处理。因为人工神经网络中神经元的排列并不是杂乱无章的，而是分层或以一种有规律的序列排列的，所以信号可以同时到达一批神经元的输入端，这种结构非常适合并行计算。同时，如果将每一个神经元看作一个小的处理单元，则整个系统可以视为一个分布式计算系统，这样就避免了以往的“匹配冲突”“组合爆炸”和“无穷递归”等问题，加快推理速度。
- 可学习性强。一个相对较小的人工神经网络可存储大量的专家知识，并且能根据学习算法，或者利用样本指导系统来模拟现实环境（称为有教师学习），或者对输入进行自适应学习（称为无教师学习），不断地自动学习，完善知识的存储。
- 鲁棒性和容错性较好。由于人工神经网络采用了大量的神经元且神经元相互连接，具有联想记忆与联想映射能力，可以增强专家系统的容错能力，即使人工神经网络中少量的神经元失效或发生错误，也不会对系统整体功能带来严重的影响，而且克服了传统专家系统中存在的“知识窄台阶”问题。
- 泛化能力强。由于人工神经网络是一类大规模的非线性系统，因此它可以提供系统自组织和协同的潜力。它能充分逼近复杂的非线性关系。当输入发生较小变化时，人工神经网络的输出能够与原输入产生的输出保持相当小的差距。
- 具有统一的内部知识表示形式。任何知识规则都可以通过对范例的学习而存储于同一个神经网络的各连接权值中，便于知识库的组织管理，通用性强。

虽然人工神经网络有很多优点，但基于其固有的内在机理，人工神经网络不可避免地存在如下缺点。

- 最严重的问题是无法解释自己的推理过程和推理依据。
- 人工神经网络不能向用户提出必要的询问，而且当数据不充分时，无法进行工作。
- 人工神经网络把一切问题的特征都变为数字，把一切推理都变为数值计算，其结果势必会丢失信息。
- 人工神经网络的理论和学习算法有待进一步完善和提高。

【任务实施】

1. 神经网络的基本概念

神经网络，也称为人工神经网络或模拟神经网络（Spiking Neural Network，SNN），是机器学习的一个子集，也是深度学习算法的核心。神经网络的名称和结构均受到人脑结构的启发，模仿了生物神经元相互传递信号的方式。

人工神经网络由节点层组成，其中包含一个输入层、一个或多个隐藏层以及一个输出层。每个节点也称为一个人工神经元，它们都连接到另一个节点，具有相关的权重和阈值。如果任何单个节点的输出高于指定的阈值，那么该节点将被激活，并将数据发送到网络的下一层。否则，数据将不会传递到网络的下一层。

神经网络依靠训练数据来学习，并随时间推移来提高自身的精度。然而，这些学习算法经过精度调优后，就会成为计算机科学和人工智能领域中的强大工具，可支持我们快速进行数据分类和分组。语音识别或图像识别方面的任务可能仅需几分钟即可完成，而由人类专家手动识别则可能需要数小时。

当神经网络的隐藏层只有一层时，该网络为两层神经网络，由于输入层未做任何变换，可以不看作单独的一层。实际上，网络输入层的每个神经元代表了一个特征，输出层个数代表了分类标签的个数（在做二分类时，如果采用 sigmoid 分类器，那么输出层的神经元个数为 1 个；如果采用 softmax 分类器，那么输出层的神经元个数为 2 个；如果是多分类问题，即输出类别为 3 及以上时，那么输出层的神经元个数为类别的个数），而隐藏层的层数以及隐藏层的神经元个数是由人为设定的。一个基本的两层神经网络结构如图 3-3 所示。

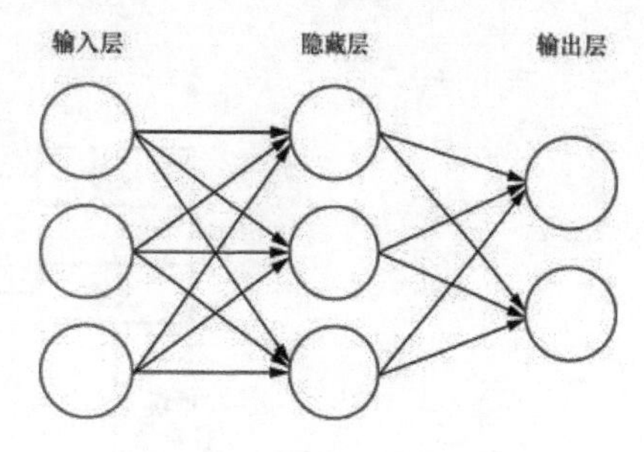

图 3-3　两层神经网络结构

2. 神经网络的基本特征

神经网络的结构特点如下。

- 信息处理的并行性：单个单元的处理较为简单，可以大规模并行处理，处理速度较快。
- 信息存储的分布性：信息不是存储在网络中的局部，而是分布在网络所有的连接权中。
- 信息处理单元的互联性：处理单元之间互联，呈现出丰富的功能。
- 结构的可塑性：连接方式多样，结构可塑。

神经网络的性能特点如下。

- 高度的非线性：多个单元连接，体现出非线性。

- 良好的容错性：分布式存储的结构特点使神经网络的容错性好。
- 计算的非精确性：当输入模糊信息时，神经网络将通过处理连续的模拟信号及不精确的信息逼近解，而非精确解。

神经网络的能力特征如下。

自学习、自组织与自适应性：神经网络根据外部环境变化，通过训练或感知，能调节参数适应变化（自学习），并可按输入调整神经网络（自组织）。

3. 神经网络的基本构成

神经网络的基本构成如下。

- 层，多个层组合成网络（或模型）。
- 输入数据和相应的目标。
- 损失函数，即用于学习的反馈信号。
- 优化器，决定学习过程如何进行。

多个层连接在一起组成了网络，并将输入数据映射为预测值。然后损失函数将这些预测值与目标进行比较，得到损失值，用于衡量网络预测值与预期结果的匹配程度。最后优化器使用这个损失值来更新网络的权重值。我们可以将这四者的关系可视化，如图 3-4 所示。

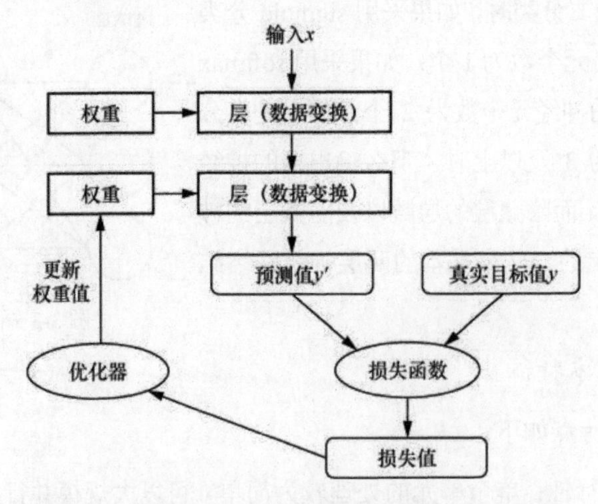

图 3-4　网络、层、损失函数和优化器之间的关系

神经网络算法的 Python 代码如代码清单 3-7 至代码清单 3-10 所示。

代码清单 3-7　导入第三方包

```
import pandas as pd
from sklearn.datasets import load_iris
from sklearn import model_selection
from sklearn.neural_network import MLPClassifier
```

```
X, y = load_iris(return_X_y=True)
```

代码清单 3-8 样本拆分

```
X_train, X_test, y_train, y_test = model_selection.train_test_split(X,
y,test_size=0.25, random_state=1234)
```

代码清单 3-9 模型拟合

```
clf=MLPClassifier().fit(X_train, y_train)
```

代码清单 3-10 模型在测试数据集上的预测

```
gnb_pred = clf.predict(X_test)
print("预测值{}".format(gnb_pred))
print("原值{}".format(y_test))
print("得分：{}".format(clf.score(X_test,y_test)))
```

任务5 学习逻辑斯谛回归

【任务描述】

本任务主要介绍逻辑斯谛回归及其算法应用。通过本任务的学习，读者应该掌握逻辑斯谛回归的概念及算法应用，了解逻辑斯谛回归其实是一种分类算法，它可以将数据拟合到一个 logistic 函数中，从而完成对事件发生的概率的预测。

【任务目标】

- 了解逻辑斯谛回归的基本概念。
- 了解逻辑斯谛回归的代价函数。
- 掌握逻辑斯谛回归的算法应用。

【知识链接】

在介绍逻辑斯谛回归模型之前，需要先了解一些基本概念。

1. 分布函数和密度函数

对于一个连续型随机变量，密度函数是指该变量在其取值范围内为一个特定值的概率，分布函数指变量在一个特定值和小于该特定值的范围内出现的概率，可以理解为密度函数的面积比率。

用逻辑斯谛分布举例（如图 3-5 所示），在密度函数中，可以看到在 x=0 时出现峰值，即表示 x 取 0 的概率最大，从 0 开始往无穷小和无穷大的概率都在递减。再看分布函数，可以看到，当 x=0 时，密度函数取值为 0.5，对照密度函数，小于等于 0 部分的面积是总面积的一半。

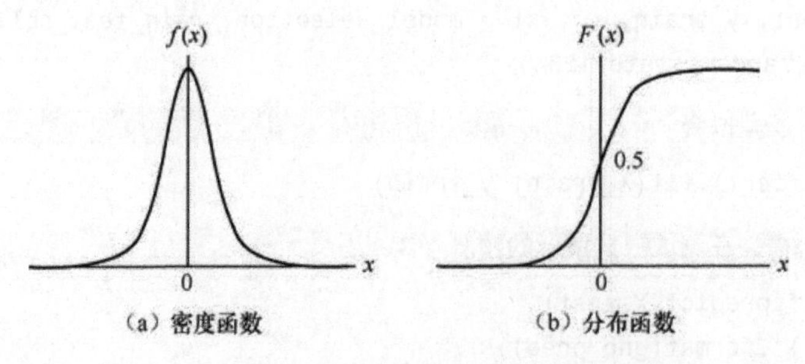

图 3-5　逻辑斯谛分布的密度函数与分布函数

2. 似然函数

在统计学中，概率描述了已知参数时随机变量的输出结果，似然则描述了已知随机变量输出结果时，未知参数的可能取值。似然函数是用来求得未知参数的估计值的函数。

3. 极大似然估计

通过最大化似然函数能够求得未知参数的估计值。

逻辑斯谛回归假设数据服从伯努利分布，在线性回归的基础上，套了一个二分类的 sigmoid 函数，并使用极大似然法来推导出损失函数，最后能够用梯度下降法优化损失函数的一个判别式。

逻辑斯谛回归的优点如下。

- 实现简单，能够广泛地应用于工业领域。
- 训练速度与分类速度快。
- 内存占用少。

逻辑斯谛回归的缺点如下。

- 当特征空间很大时，逻辑斯谛回归的性能不是很好。
- 一般准确度不太高。
- 很难处理数据不平衡的问题。

【任务实施】

1. 逻辑斯谛回归的基本概念

逻辑斯谛回归是线性回归的一种推广。逻辑斯谛回归主要用于两分类问题，即输出只有两种，因此可以配合 logistic 函数（又称作 sigmoid 函数）使用。sigmoid 函数的图像如

图 3-6 所示。

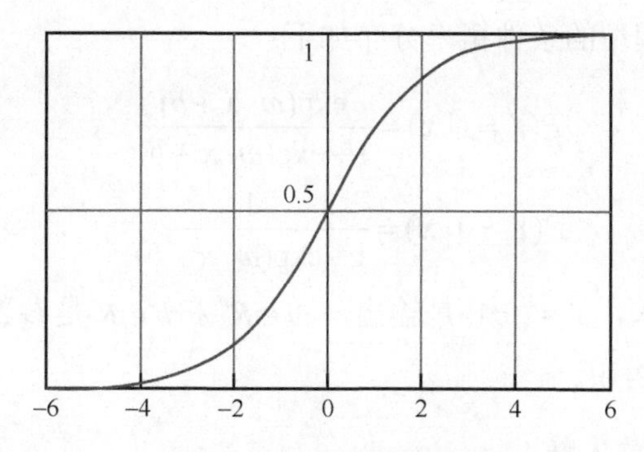

图 3-6　sigmoid 函数的图像

下面通过两个例子来帮助更好地理解两分类问题。第一个例子是线性的决策边界。

$$h_\theta(x) = g(\theta_0 + \theta_1 x_1 + \theta_2 x_2) \tag{3-15}$$

其中，θ_0、θ_1、θ_2 分别取−3、1、1，则当 $-3 + x_1 + x_2 \geqslant 0$ 时，$y = 1$，即 $x_1 + x_2 = 3$ 是一个决策边界。

第二个例子是非线性的决策边界。

$$h_\theta(x) = g(\theta_0 + \theta_1 x_1 + \theta_2 x_2 + \theta_3 x_1^2 + \theta_4 x_2^2) \tag{3-16}$$

当 $x_1^2 + x_2^2 \geqslant 1$ 时，可以判定 $y = 1$，此时的决策边界是一个圆形，即一个非线性的决策边界。

2. 逻辑斯谛回归的一般过程

逻辑斯谛回归的一般过程如下。

（1）收集数据：通过任意方法收集数据。

（2）准备数据：由于需要进行距离计算，因此要求数据类型为数值型。结构化数据格式最佳。

（3）分析数据：采用任意方法对数据进行分析。

（4）训练算法：大部分时间将用于训练，训练的目的是找到最佳的分类回归系数。

（5）测试算法：一旦训练步骤完成，可以快速完成分类。

（6）使用算法：首先，输入一些数据，并将其转换成对应的结构化数值；其次，基于训练好的回归系数对这些数值进行简单的回归计算，判定类别；最后，在输出的类别上做一些其他的分析工作。

3. 模型训练与代价函数

对于给定的训练数据集 $T = \{(x_1, y_1), (x_2, y_2), \cdots, (x_N, y_N)\}$，其中，$x_i \in \boldsymbol{R}^n$，$y_i \in \{0,1\}$。

可以应用极大似然估计法估计模型参数，从而得到逻辑斯谛回归模型。

二项逻辑斯谛回归模型的条件概率分布如下：

$$P(Y=1|\boldsymbol{x})=\frac{\exp(\boldsymbol{\omega}\cdot\boldsymbol{x}+b)}{1+\exp(\boldsymbol{\omega}\cdot\boldsymbol{x}+b)} \tag{3-17}$$

$$P(Y=0|\boldsymbol{x})=\frac{1}{1+\exp(\boldsymbol{\omega}\cdot\boldsymbol{x}+b)} \tag{3-18}$$

其中，$\boldsymbol{x}\in\boldsymbol{R}^n$ 是输入，$Y\in\{0,1\}$ 是输出，$\boldsymbol{\omega}\in\boldsymbol{R}^n$ 和 $b\in\boldsymbol{R}$ 是参数，$\boldsymbol{\omega}$ 为权值向量，b 为偏置，$\boldsymbol{\omega}\cdot\boldsymbol{x}$ 为 $\boldsymbol{\omega}$ 与 $\boldsymbol{x}$ 的内积。

4. 代价函数与参数最优解

对数曲率函数是任意阶可导的凸函数，具有很好的数学性质。为求取最优解，我们将权值向量和输入向量加以扩充，仍记为 $\boldsymbol{\omega}$ 与 $\boldsymbol{x}$，即 $\boldsymbol{\omega}=(\omega^{(1)},\omega^{(2)},\cdots,\omega^{(n)},b)^{\mathrm{T}}$，$\boldsymbol{x}=(x^{(1)},x^{(2)},\cdots,x^{(n)},1)^{\mathrm{T}}$。这时，逻辑斯谛回归模型如下：

$$P(Y=1|\boldsymbol{x})=\frac{\exp(\boldsymbol{\omega}\cdot\boldsymbol{x})}{1+\exp(\boldsymbol{\omega}\cdot\boldsymbol{x})} \tag{3-19}$$

$$P(Y=0|\boldsymbol{x})=\frac{1}{1+\exp(\boldsymbol{\omega}\cdot\boldsymbol{x})} \tag{3-20}$$

利用公式 $P(Y=0|\boldsymbol{x})=1-P(Y=1|\boldsymbol{x})$，可得：

$$\log\frac{P(Y=1|\boldsymbol{x})}{1-P(Y=1|\boldsymbol{x})}=\boldsymbol{\omega}\cdot\boldsymbol{x} \tag{3-21}$$

sigmoid 函数的输入为 z，由式（3-21）得出：

$$z=\omega_0x_0+\omega_1x_1+\omega_2x_2+\cdots+\omega_nx_n \tag{3-22}$$

其中，x 是分类器的输入数据，ω 是我们需要找的最佳参数。

逻辑斯谛回归算法的 Python 代码如代码清单 3-11 至代码清单 3-14 所示。

代码清单 3-11　准备数据

```
from sklearn.datasets import load_iris
import pandas as pd
iris = load_iris() #得到数据特征，包含 data、target、feature_names、target_names、DESCR 等
                   #信息
df_X = pd.DataFrame(data=iris.data, columns=iris.feature_names)
y = iris.target
Print(df_X.describe())
```

代码清单 3-12　数据划分

```
from sklearn.model_selection import train_test_split
X_train,X_test,y_train,y_test=train_test_split(df_X,y,test_size=0.2,random_state=2
0200816)
```

代码清单 3-13 创建逻辑斯谛回归模型

```
from sklearn.linear_model import LogisticRegression
lr = LogisticRegression()
lr.fit(X_train,y_train)
print('the weight(w) of Logistic Regression:\n',lr.coef_)
print('the intercept(w0) of Logistic Regression:\n',lr.intercept_)
```

代码清单 3-14 预测与评估模型

```
from sklearn import metrics
# 预测
y_train_pred=lr.predict(X_train)
y_test_pred=lr.predict(X_test)
##利用 accuracy（准确度）评估模型效果
print('The accuracy on train set is:',metrics.accuracy_score(y_train,y_train_pred))
print('The accuracy on test set is:',metrics.accuracy_score(y_test,y_test_pred))
# 绘制混淆矩阵
confusion_matrix_result=metrics.confusion_matrix(y_test,y_test_pred)
print('The confusion matrix result:\n',confusion_matrix_result)
##利用热力图对结果进行可视化
plt.figure(figsize=(8,6))
sns.heatmap(confusion_matrix_result,annot=True,cmap='Blues')
plt.xlabel('Predicted labels')
plt.ylabel('True labels')
plt.show()
```

项目小结

本项目从回归预测入手介绍了多种回归算法，如线性回归、Lasso 回归、神经网络、逻辑斯谛回归等。

- 线性回归：目标值预期是输入变量的线性组合。线性模型形式简单，易于建模，但蕴含机器学习中一些重要的基本思想。线性回归利用数理统计中的回归分析来确定两种或两种以上变量间相互依赖的定量关系，运用十分广泛。

  优点：结果易于理解，计算不复杂。

  缺点：对非线性数据的拟合效果不好。

- Lasso 回归：该方法是一种压缩估计。Lasso 回归通过构造一个惩罚函数来得到一个较为精练的模型，使得它压缩一些回归系数，即强制系数绝对值之和小于某个固定值，同时设定一些回归系数为零。因此保留了子集收缩的优点，Lasso 回归是一种能够处理具有复共线性数据的有偏估计方法。

- 神经网络：神经网络是一种模仿生物神经网络结构和功能的数学模型或计算模型，用于对函数进行估计或近似。神经网络中最基本的成分是神经元模型，神经元能够收到来自 n 个其他神经元传递的输入信号，这些输入信号会根据不同权重进行信号求和并与神经元的阈值进行比较，通过激活函数处理产生神经元的输出。神经网络主要由输入层、隐藏层、输出层构成，只有一层隐藏层的是两层神经网络。其中输入层的每个神经元代表一个特征，输出层个数则代表了分类标签的个数。
- 逻辑斯谛回归：是线性回归的一种推广。线性回归针对的是标签为连续值的机器学习任务，而想用线性模型来做分类就需要用到 sigmoid 函数，将取得一个数值的概率转化成 0 到 1 的概率。

项目拓展

中国是全球第二大电影市场，同时也是增长最快的市场之一。随着市场的成熟，影响电影票房的因素也越来越多，包括题材、内容、导演、演员、编辑、发行方等。因此，对电影制作公司而言，依靠主观经验制作一部高票房的电影越来越困难，而随着大数据技术的发展，越来越多的人开始借助大数据技术对电影市场进行分析，并指导电影的制作。

希望读者依据历史票房数据、影评数据、舆情数据等互联网公众数据，对电影票房进行预测。

思考与练习

理论题

一、选择题

1．多元线性回归中的“线性”是指（ ）是线性的。

A．因变量　　B．系数　　C．自变量　　D．误差

2．线性回归的核心是（ ）。

A．构建模型　　B．距离度量　　C．参数学习　　D．特征提取

3．线性回归方程中，回归系数为负数，表明自变量与因变量为（ ）。

A．负相关　　B．正相关　　C．显著相关　　D．不相关

4．在回归分析中，下列不属于线性回归的是（ ）。

A．一元线性回归　　　　　　　　　　B．多个因变量与多个自变量的回归

C．分段回归　　　　　　　　　　　　D．多元线性回归

5．下列不属于常见的梯度下降算法的是（　　）。

A．批量梯度下降法　　　　　　　　　B．小批量梯度下降法

C．随机梯度下降法　　　　　　　　　D．随机平均梯度下降法

二、简答题

1．如果训练集具有数百万个特征，那么应该使用哪种线性回归训练算法？

2．训练逻辑斯谛回归模型时，梯度下降会卡在局部最小值中吗？

3．假设使用批量梯度下降法，并在每个迭代步骤计算验证误差并将其绘制成曲线。如果发现验证错误持续上升，那么可能是什么情况导致的，应该如何解决这个问题？

实训题

基于以下表格中的数据（输入特征为 Living area 和#bedrooms，预测房价 Price）建立线性回归模型以预测房价。

Living area ($feet^2$)	# bedrooms	Price (1000$)
2104	3	400
1600	3	330
2400	3	369
1416	2	232
3000	4	540
⋮	⋮	⋮
12005	3	?
3200	4	?
1280	2	?

项目 4

分类算法与应用

分类算法是解决分类问题的方法，是数据挖掘、机器学习和模式识别中一个重要的研究领域。分类的主要用途和场景是“预测”，即基于已有的样本预测新样本的所属类别，主要用于信用评级、风险等级评估、欺诈预测等场景。分类算法也可以用于知识抽取，即通过模型找到潜在的规律，帮助业务得到可执行的规则。

本项目主要介绍常用的分类算法，包括支持向量机、朴素贝叶斯分类、*k*NN 算法、决策树等，以及这些算法的特点和应用方法。

思政目标

- 培育大批德才兼备的高素质人才，为国家和民族长远发展大计服务。
- 教导广大青年要坚定不移听党话、跟党走，怀抱梦想又脚踏实地，敢想敢为又善作善成，立志做有理想、敢担当、能吃苦、肯奋斗的时代好青年。

- 了解分类问题。
- 掌握支持向量机。
- 掌握朴素贝叶斯分类。
- 掌握 *k*NN 算法。
- 掌握决策树。

任务1 学习分类问题

【任务描述】

本任务主要介绍分类问题。通过本任务的学习，读者应该掌握分类问题的基础知识和相关理论。了解掌握分类问题是监督式学习的一个核心问题，它能够从数据中学习一个分类决策函数或分类模型（分类器），从而对新的输入进行输出预测。

【任务目标】

- 了解分类的基本概念和过程描述。
- 掌握分类器常见的构造方法。
- 掌握解决分类问题的方法。

【知识链接】

分类问题是数据挖掘领域中历史悠长且研究较为透彻的一个问题。在数据挖掘领域中，分类可以看成是从一个数据集到一组预先定义的、非交叠类别的映射过程。其中映射关系的生成以及应用是数据挖掘分类方法主要的研究内容。这里的映射关系就是我们常说的分类函数或分类模型，映射关系的应用对应于使用分类器将数据集中的数据项划分到给定的某个类别的过程。

分类问题是数据挖掘处理的一个重要组成部分。在机器学习领域中，分类问题通常被认为属于监督式学习，也就是说，分类问题的目标是根据已知样本的某些特征，判断一个新的样本属于哪种已知的样本类。根据类别的数量还可以进一步将分类问题划分为二元分类（binary classification）和多元分类（multi-class classification）。

分类方法具有广泛的应用领域，比如医疗诊断、信用卡系统的信用分级、图像模式识别、网络数据分类等。分类能够从历史的特征数据中推导出特定对象的描述模型，用来对未知数据进行预测和分析。

【任务实施】

1. 分类的基本概念和过程描述

分类的定义：给定一个数据集 $D=\{t_1, t_2, \cdots, t_n\}$ 和一组类 $C=\{C_1, C_2, \cdots, C_n\}$，分类问题就是去确定一个映射 $f: D \to C$，每个元组 t_i 都被分配到一个类中。类 C_j 包含映射到该类中的所有数据元组，即 $C_j = \{t_i \mid f(t_i) = C_j, 1 \leqslant i \leqslant n, 且 t_i \in D\}$ 。

一般数据分类包含两个步骤——建立模型和模型应用。

步骤 1：建立模型。通过分析由属性描述的数据集元组来构造模型。

数据元组即样本、实例或对象。用于建模而被分析的数据元组集合形成了训练集，而训练集中的样本即训练元组。为了保证构建的模型与原始数据的分布匹配且可用，我们需要从数据集中随机选取训练样本。每个训练元组都有一个特定的类标签与之对应，即对于样本数据 X，其中，x 是训练元组，y 是对应的类标签，可以将 X 理解为类似的二维坐标关系 $X(x, y)$，当然，这只是一个方便理解的简单例子。实际上，x 往往包含多个特征值，是一个多维向量。

分类模型的一般表示形式包括分类规则、决策树或等式、不等式、规则式等。分类模型通过对历史数据分布模型进行归纳，可以用来分类未来的数据样本，也可以帮助人们更好地理解数据集的内容或含义。

步骤 2：模型应用。

在使用分类模型之前，首先要准确评估模型的预测准确率。只有在模型的准确率可以接受时，才可以用它来对类标号未知的数据元组或对象进行分类。模型在给定测试数据上的准确率是指测试样本被模型正确分类的百分比，对于每个测试样本，需要将已知的类标号和该样本被分类模型预测的类作比较，这样就能够确定测试样本是否被准确分类。需要注意的是，若将训练数据用作测试数据，则模型的预测准确率将过于乐观，因为学习模型倾向于过分地拟合训练数据。因此，比较合理的模型评估方法是交叉验证法，即从原始数据集中随机选取独立于训练样本的测试数据。

简单地说，分类的两个步骤可以归结为模型的建立和使用模型进行分类。模型的建立过程就是使用训练数据进行学习的过程，模型的应用过程就是对类标号未知的数据进行分类的过程。

2. 分类模型常见的构造方法

从构造分类模型所参照的理论原理来看，分类模型常见的构造方法可以分为 3 大类——数理统计方法、机器学习方法和神经网络方法。

（1）数理统计方法包括贝叶斯法和非参数法。常见的邻近学习或基于示例的学习（Instance-Based Learning，IBL）属于非参数法，*k* 最邻近算法（*k*-Nearest Neighbors，*k*NN）也属于非参数法。

（2）机器学习方法包括决策树法和规则归纳法。

（3）神经网络方法包括 BP 算法。

根据使用的技术不同，分类模型常见的构造方法可以分为 4 种类型——基于距离的分类方法、决策树分类方法、贝叶斯分类方法和规则归纳分类方法。基于距离的分类方法主要有最邻近方法；决策树分类方法有 ID3、C4.5、VFDT 等；贝叶斯分类方法包括朴素贝叶斯方法和 EM 算法；规则归纳分类方法包括 AQ 算法、CN2 算法和 FOIL 算法。

针对这些分类方法，我们不仅需要研究分类模型的构造方法和应用，而且要考虑到分类数据的预处理以及分类算法的性能评价。

3. 解决分类问题的方法

分类问题包括学习与分类两个过程。在学习的过程中，需要根据已知的训练样本数据集利用有效的学习方法学习一个分类模型；而在分类的过程中，需要利用学习的分类模型对新的输入示例进行分类。

例如，我们在对房屋租赁价格进行预测时，由于房屋租赁价格是在某一个范围内连续变化的数字，因此我们可以使用线性回归方法解决这个问题；换一种角度考虑，如果房屋的租金高于某个值，租客就不租房子；如果房屋的租金低于某个值，租客才租房子，那么会出现租房子和不租房子两种结果，这就是一个分类问题。再比如，设定程序的输出结果中，1 表示租赁房屋，0 表示不租赁房屋，此时可以发现输出的是非连续的离散值。

所以，请记住：分类问题输出离散值，线性回归问题输出连续值。

任务 2 学习支持向量机

【任务描述】

本任务主要介绍支持向量机及其算法应用。通过本任务的学习，读者应该掌握什么是支持向量机以及支持向量机的特点与原理，并了解求解支持向量机的数学推导过程。

【任务目标】

- 掌握支持向量机的算法原理。
- 掌握支持向量机的算法应用。

【知识链接】

1. 支持向量机

支持向量机（Support Vector Machine，SVM）是一种二分类模型，它的基本模型是定义在特征空间上的间隔最大的线性分类模型，间隔最大这一特性使它有别于感知机。支持向量机的学习策略就是间隔最大化，该问题可形式化为一个求解凸二次规划的问题，所以支持向量机的学习算法就是求解凸二次规划的最优化算法。

2. 支持向量机的优点

支持向量机的优点如下。

- 非线性映射是支持向量机的理论基础。支持向量机可以利用内积核函数代替向高维空间的非线性映射。
- 对特征空间划分的最优超平面是支持向量机的目标。最大化分类边际的思想是支持向量机的核心。
- 支持向量是支持向量机的训练结果。在支持向量机分类决策中起决定作用的是支持向量。
- 支持向量机是一种有坚实理论基础且新颖的小样本学习方法。由于它基本上不涉及概率测度及大数定律等，因此不同于现有的统计方法。从本质上看，它避开了从归纳到演绎的传统过程，实现了高效地从训练样本到预测样本的“转导推理”，大大地简化了常见的分类和回归等问题。
- 支持向量机的最终决策函数只由少数的支持向量所确定，计算的复杂性取决于支持向量的数目，而不是样本空间的维数，这在某种意义上避免了“维数灾难”。
- 少数支持向量决定了最终结果，这不但可以帮助我们抓住关键样本、“剔除”大量冗余样本，而且注定了该方法不但算法简单，而且具有较好的鲁棒性，主要体现在如下几个方面。
    - ◆ 增、删非支持向量样本对模型没有影响。
    - ◆ 支持向量样本集具有一定的鲁棒性。
    - ◆ 在一些成功的应用中，支持向量机对核的选取不敏感。

3. 支持向量机的缺点

支持向量机的缺点如下。

- 支持向量机难以应用在大规模训练样本中。由于支持向量机是借助凸二次规划来求解支持向量的，而求解凸二次规划将涉及 m 阶矩阵的计算（m 为样本的个数），因此，当 m 的数目很大时，该矩阵的存储和计算将耗费大量的计算机内存和运算时间。针对以上问题的主要改进算法有 J. Platt 的 SMO 算法、T. Joachims 的 SVM、C. J. C. Burges 等的 PCGC、张学工的 CSVM 以及 O. L. Mangasarian 等的 SOR 算法。
- 用支持向量机解决多分类问题存在困难。经典的支持向量机算法只给出了二分类的算法，而在数据挖掘的实际应用中，一般要解决多分类问题。我们可以通过多个二分类支持向量机的组合来解决，主要有一对多组合模式、一对一组合模式和支持向量机决策树。也可以通过构造多个分类模型的组合来解决。主要原理是克服支持向量机固有的缺点，结合其他算法的优势，解决多分类问题的分类精度，例如与粗集理论结合，形成一种优势互补的多分类问题的组合分类模型。

【任务实施】

支持向量机算法原理

支持向量机学习的核心思想是求解能够正确划分训练数据集并且几何间隔最大的分离超平面。如图 4-1 所示，$\boldsymbol{\omega}\cdot\boldsymbol{x}+b=0$ 即分离超平面，对线性可分的数据集来说，这样的超平面有无穷多个（即感知机），但是几何间隔最大的分离超平面是唯一的。

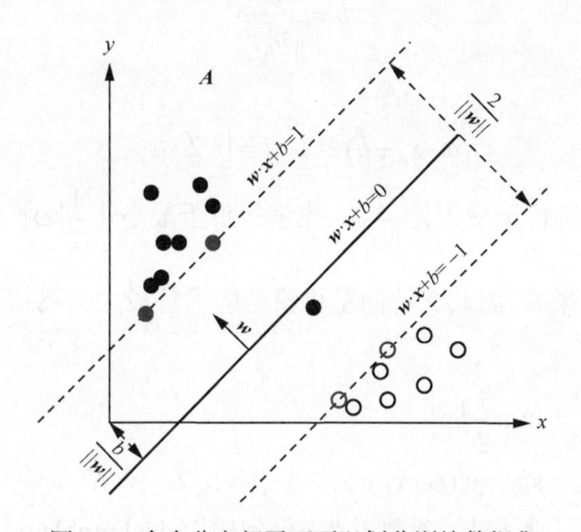

图 4-1 多个分离超平面可以划分训练数据集

在推导之前，先给出一些定义。假设给定一个特征空间上的训练数据集：

$$T=\{(\boldsymbol{x}_1,y_1),(\boldsymbol{x}_2,y_2),\cdots,(\boldsymbol{x}_N,y_N)\}$$

其中，$\boldsymbol{x}_i\in\boldsymbol{R}^n$，$y_i\in\{+1,-1\}$；$i=1, 2, \cdots, N$，$\boldsymbol{x}_i$ 为第 i 个特征向量，y_i 表示人类标记，当它等于+1 时表示正例，等于−1 时表示负例。之后再假设训练数据集是线性可分的。

对于给定的数据集 T 和分离超平面 $\boldsymbol{\omega}\cdot\boldsymbol{x}+b=0$，定义分离超平面关于样本点 $(\boldsymbol{x}_i,y_i)$ 的几何间隔为：

$$\gamma_i=y_i\left(\frac{\boldsymbol{\omega}}{\|\boldsymbol{\omega}\|}\cdot\boldsymbol{x}_i+\frac{b}{\|\boldsymbol{\omega}\|}\right)$$

分离超平面关于所有样本点的几何间隔的最小值为：

$$\gamma=\min_{i=1, 2, \cdots, N}\gamma_i$$

实际上这个距离就是支持向量到分离超平面的距离。

根据以上定义，支持向量机模型的求解最大分离超平面问题可以表示为以下约束问题：

$$\max_{\omega,b} \gamma$$
$$\text{s.t.}\quad y_i\left(\frac{\boldsymbol{\omega}}{\|\boldsymbol{\omega}\|}\cdot \boldsymbol{x}_i + \frac{b}{\|\boldsymbol{\omega}\|}\right) \geqslant \gamma,\ i=1,\ 2,\ \cdots,\ N$$

将约束条件两边同时除以γ，得到

$$y_i\left(\frac{\boldsymbol{\omega}}{\|\boldsymbol{\omega}\|\gamma}\cdot \boldsymbol{x}_i + \frac{b}{\|\boldsymbol{\omega}\|\gamma}\right) \geqslant 1$$

因为$\|\boldsymbol{\omega}\|$、γ都是标量，所以，为了表达式简洁，令

$$\boldsymbol{\omega} = \frac{\boldsymbol{\omega}}{\|\boldsymbol{\omega}\|\gamma}$$
$$b = \frac{b}{\|\boldsymbol{\omega}\|\gamma}$$

得到

$$y_i(\boldsymbol{\omega}\cdot \boldsymbol{x}_i + b) \geqslant 1,\ i=1,\ 2,\ \cdots,\ N$$

又因为最大化γ，等价于最大化$\frac{1}{\|\boldsymbol{\omega}\|}$，也就等价于最小化$\frac{1}{2}\|\boldsymbol{\omega}\|^2$（$\frac{1}{2}$是为了后面求导以后形式简洁，不影响结果），因此支持向量机模型的求解最大分离超平面问题又可以表示为以下约束最优化问题：

$$\min_{\omega,b} \frac{1}{2}\|\boldsymbol{\omega}\|^2 \tag{4-1}$$
$$\text{s.t.}\quad y_i(\boldsymbol{\omega}\cdot \boldsymbol{x}_i + b) \geqslant 1,\ i=1,\ 2,\cdots,\ N$$

对上式使用拉格朗日乘子法可得到其“对偶问题”(dual problem)。具体来说，对式(4-1)的每条约束添加拉格朗日乘子$\alpha_i \geqslant 0$，则该问题的拉格朗日函数可写为：

$$L(\boldsymbol{\omega},b,\alpha) = \frac{1}{2}\|\boldsymbol{\omega}\|^2 + \sum_{i=1}^{m}\alpha_i(1 - y_i(\boldsymbol{\omega}^{\mathrm{T}}\cdot \boldsymbol{x}_i + b)) \tag{4-2}$$

其中，$\alpha_i = (\alpha_1;\ \alpha_2;\cdots;\ \alpha_m)$。

令$L(\boldsymbol{\omega},b,\alpha)$对$\boldsymbol{\omega}$和$b$的偏导为0，可得

$$\boldsymbol{\omega} = \sum_{i=1}^{m}\alpha_i y_i \boldsymbol{x}_i \tag{4-3}$$

$$0 = \sum_{i=1}^{m}\alpha_i y_i \tag{4-4}$$

将式（4-3）代入式（4-2），即可将$L(\boldsymbol{\omega}, b, \alpha)$中的$\boldsymbol{\omega}$和$b$消去，再考虑式（4-4）的约束，就得到对偶问题：

$$\max_{\alpha} \sum_{i=1}^{m}\alpha_i - \frac{1}{2}\sum_{i=1}^{m}\sum_{j=1}^{m}\alpha_i\alpha_j y_i y_j \boldsymbol{x}_i^{\mathrm{T}}\cdot \boldsymbol{x}_j \tag{4-5}$$

$$\text{s.t.}\quad \sum_{i=1}^{m}\alpha_i y_i = 0,\ \ \alpha_i \geqslant 0,\ \ i=1,\ 2,\ \cdots,\ m$$

解出 α 后，求出 $\boldsymbol{\omega}$ 与 b 即可得到模型

$$f(\boldsymbol{x}) = \boldsymbol{\omega}^{\mathrm{T}}\cdot\boldsymbol{x} + b = \sum_{i=1}^{m}\alpha_i y_i \boldsymbol{x}_i^{\mathrm{T}}\cdot\boldsymbol{x} + b$$

支持向量机算法的 Python 代码如代码清单 4-1 至代码清单 4-4 所示。

代码清单 4-1　导入支持向量机所需模块

```
from sklearn.datasets import make_blobs
from sklearn.svm import SVC
import matplotlib.pyplot as plt
import numpy as np
```

代码清单 4-2　构造并可视化数据集

```
X,y = make_blobs(n_samples=50, centers=2, random_state=0,cluster_std=0.6)
plt.scatter(X[:0],X[:1],c=y,s=50,cmap="rainbow")
plt.xticks([])
plt.yticks([])
plt.show()
```

代码清单 4-3　制作网格图

```
#首先生成散点图
plt.scatter(X[:,0],X[:,1],c=y,s=50,cmap="rainbow")
ax = plt.gca()   #获取当前的子图，如果不存在，则创建新的子图
#获取平面上两条坐标轴的最大值和最小值
xlim = ax.get_xlim()
ylim = ax.get_ylim()

#在最大值和最小值之间形成 30 个有规律的数据
axisx = np.linspace(xlim[0],xlim[1],30)
axisy = np.linspace(ylim[0],ylim[1],30)
axisy,axisx = np.meshgrid(axisy,axisx)
#将这里形成的二维数据作为 contour()函数中的 X 和 Y
#使用 meshgrid()函数将两个一维向量转换为特征举证
#核心是将两个特征向量广播，以便获取 y.shape=x.shape 多个坐标点的横坐标和纵坐标

xy = np.vstack([axisx.ravel(), axisy.ravel()]).T

plt.scatter(xy[:,0],xy[:,1],s=1,cmap="rainbow")
```

代码清单 4-4　计算决策边界

```
plt.scatter(X[:,0],X[:,1],c=y,s=50,cmap="rainbow")
ax = plt.gca()  #获取当前的子图，如果不存在，则创建新的子图
clf = SVC(kernel = "linear").fit(X,y)    #建模，通过 fit()函数计算出对应的决策边界
Z = clf.decision_function(xy).reshape(axisx.shape)
```

```
#重要接口 decision_function，返回每个输入的样本到决策边界所对应的距离
#然后再将这个距离转换为 axisx 的结构，这是由于画图的函数 contour()要求 Z 的结构必须与 X 和 Y 保持一致
#画决策边界和平行于决策边界的超平面
ax.contour(axisx,axisy,Z
 ,colors="k"
 ,levels=[-1,0,1]   #画 3 条等高线，分别是 Z 为-1、Z 为 0 和 Z 为 1 的 3 条线
 ,alpha=0.5
 ,linestyles=["--","-","--"])
ax.set_xlim(xlim)
ax.set_ylim(ylim)
```

任务 3　学习朴素贝叶斯分类

【任务描述】

本任务主要介绍朴素贝叶斯分类算法的原理与应用。通过本任务的学习，读者应该掌握朴素贝叶斯分类方法，并了解朴素贝叶斯和其他绝大多数分类算法的不同。

【任务目标】

- 掌握朴素贝叶斯算法的原理。
- 掌握朴素贝叶斯算法的应用。

【知识链接】

1. 朴素贝叶斯算法

朴素贝叶斯算法是经典的机器学习算法之一，也是为数不多的基于概率论的分类算法。对于大多数的分类算法，朴素贝叶斯和其他绝大多数的分类算法都不同。比如决策树、*k*NN、逻辑斯谛回归、支持向量机等都是判别方法，也就是直接学习特征输出 *Y* 和特征 *X* 之间的关系，*Y* 与 *X* 之间的关系要么是决策函数，要么是条件分布。但是朴素贝叶斯是生成方法，该算法原理简单，易于实现。

2. 朴素贝叶斯算法的优点

由于朴素贝叶斯算法假设数据集属性之间是相互独立的，因此算法的逻辑性十分简单，并且算法较为稳定，当数据呈现不同的特点时，朴素贝叶斯算法的分类性能不会有太大的差异。换句话说，就是朴素贝叶斯算法的鲁棒性比较好，对于不同类型的数据集不会呈现出太大的差异。当数据集属性之间的关系相对比较独立时，朴素贝叶斯算法会有较好的效果。

3. 朴素贝叶斯算法的缺点

属性独立性的条件要求同时也是朴素贝叶斯算法的不足之处。数据集属性的独立性在很多情况下是很难满足的，因为数据集的属性之间往往都是相互关联的，如果在分类过程中出现这种问题，会产生分类效果不佳的情况。

4. 朴素贝叶斯算法的应用

相对于其他精心设计的更复杂的分类算法，朴素贝叶斯算法是学习效率和分类效果较好的分类模型之一。直观的文本分类算法，也就是最简单的朴素贝叶斯算法，它具有很好的可解释性。朴素贝叶斯算法的特点是假设所有的特征都相互独立互不影响，每一个特征同等重要。但事实上这种假设在现实世界中并不成立：首先，相邻的两个词之间必然存在联系，不能相互独立；其次，对一篇文章来说，只要查看其中的某些关键词就能够确定它的主题，而不需要通读整篇文章和查看所有词。所以我们需要通过合适的方法来选择特征，以便朴素贝叶斯算法达到更高的分类效率。

朴素贝叶斯算法在文字识别、图像识别方面有着较为重要的应用。例如可以将未知的文字或图像，根据已有的分类规则来进行分类。

现实生活中朴素贝叶斯算法应用广泛，如文本分类、垃圾邮件分类、信用评估、钓鱼网站检测等。

【任务实施】

1. 朴素贝叶斯的算法原理

1）贝叶斯定理

对于事件 A 与事件 B，有条件概率公式：

$$P(AB)=P(A|B)P(B)$$
$$P(BA)=P(B|A)P(A)$$

因为 $P(AB)=P(BA)$，所以：

$$P(A|B)P(B)=P(B|A)P(A)$$

等式两边同时除以 $P(A)$，即得到贝叶斯定理：

$$P(B|A)=\frac{P(A|B)P(B)}{P(A)}$$

一般来说，当 $P(B|A)$难以计算时，便可以利用贝叶斯定理，转换成对 $P(A|B)$、$P(B)$、$P(A)$的计算。

2）朴素贝叶斯算法

我们将贝叶斯定理中的事件 A 看作特征，将事件 B 看作类别，即可得到以下公式：

$$P(类别 \mid 特征) = \frac{P(特征 \mid 类别)P(类别)}{P(特征)}$$

其中，等号左侧的 P(类别 | 特征)的含义是：在指定特征的情况下某一类别出现的概率。就相当于在知道某样本各个特征的情况下，计算该样本属于每个类别的概率。如果能计算出这个概率值，那么将最大概率对应的类别作为样本的预测类别即可。而 P(类别 | 特征)的值是相对不好求的，我们此时就可以利用贝叶斯定理将 P(类别 | 特征)的计算转换成 P(特征 | 类别)、P(类别)、P(特征)的计算，这 3 个概率值是比较容易计算的，在训练样本的特征及类别上进行统计即可得到。

在实际的分类任务中，特征通常不止一个，即

$$P(特征 \mid 类别) = P(特征1、特征2、\cdots、特征n \mid 类别)$$

在计算这个概率值时，如果直接统计在某一类别的条件下同时符合这些特征的样本个数，然后再相除，得到的概率结果会非常小。因为同时符合这些特征的样本个数非常少，所以朴素贝叶斯算法可以将这个概率拆分成多个条件概率的累乘。

$$P(特征1、特征2、\cdots、特征n|类别)=P(特征1|类别)P(特征2|类别)\cdots P(特征n|类别)$$

因为朴素贝叶斯算法假设各个特征是相互独立的，所以可以将概率拆分成多个条件概率的累乘，这也是算法名称中朴素二字的由来，该算法需要预先假设样本各个特征之间相互独立。同理，分母 P(特征)也可拆分计算。

$$P(特征)=P(特征1)P(特征2)\cdots P(特征n)$$

此时，有了 P(特征|类别)、P(类别)、P(特征) 3 个概率值，然后再根据得到的 P(类别 | 特征)的概率值将测试样本分类即可。

2. 需要注意的问题

- 当特征太多时，多个小于 1 的概率值累乘可能会造成下溢出，因此可以使用对数计算将累乘转换成累加，避免下溢出。
- 如果某一类别下特征 m 没有出现，此时 P(特征 m | 类别)=0，这会造成最终的概率值为 0，所以，可使用贝叶斯平滑，就是分子分母分别加 1，以避免出现 0 概率的情况。在样本量充足的情况下，平滑不会对结果产生影响。

朴素贝叶斯算法的 Python 代码如代码清单 4-5 所示。

代码清单 4-5　借助大量邮件先验数据，使用朴素贝叶斯算法自动识别垃圾邮件

```
#过滤垃圾邮件
def textParse(bigString):        #通过正则表达式进行文本解析
    import re
    listOfTokens = re.split(r'\W*',bigString)
    return [tok.lower() for tok in listOfTokens if len(tok) > 2]
```

```
def spamTest():
    docList = []; classList = []; fullText = []
    for i in range(1,26):                          #导入并解析文本文件
        wordList = textParse(open('email/spam/%d.txt' % i).read())
        docList.append(wordList)
        fullText.extend(wordList)
        classList.append(1)
        wordList = textParse(open('email/ham/%d.txt' % i).read())
        docList.append(wordList)
        fullText.extend(wordList)
        classList.append(0)
    vocabList = createVocabList(docList)
    trainingSet = range(50);testSet = []
    for i in range(10):                            #随机构建训练集
        randIndex = int(random.uniform(0,len(trainingSet)))
        testSet.append(trainingSet[randIndex])     #随机挑选一个文档索引号并放入测试集
        del(trainingSet[randIndex])                #将该文档索引号从训练集中剔除
    trainMat = []; trainClasses = []
    for docIndex in trainingSet:
        trainMat.append(setOfWords2Vec(vocabList, docList[docIndex]))
        trainClasses.append(classList[docIndex])
    p0V, p1V, pSpam = trainNB0(array(trainMat), array(trainClasses))
    errorCount = 0
    for docIndex in testSet:                       #对测试集进行分类
        wordVector = setOfWords2Vec(vocabList, docList[docIndex])
        if classifyNB(array(wordVector), p0V, p1V, pSpam) != classList[docIndex]:
            errorCount += 1
print 'the error rate is: ', float(errorCount)/len(testSet)
```

任务 4　学习 *k*NN 算法

【任务描述】

本任务主要学习 *k*NN 算法及其应用。通过本任务的学习，读者应该掌握 *k*NN 算法的思路，了解 *k*NN 算法的优缺点并通过学习经典的海伦约会案例进一步掌握算法的应用方法。

【任务目标】

- 了解 *k*NN 算法的基础知识。
- 了解 *k*NN 算法的优缺点。

- 掌握 kNN 算法的应用方法。

【知识链接】

kNN 算法是 Cover 和 Hart 于 1968 年提出的理论上比较成熟的方法，为十大挖掘算法之一。该算法的思路非常简单直观：如果一个样本在特征空间中有 k 个最相似（即特征空间中最邻近）的样本且其中大多数样本都属于某一个类别，则该样本也属于这个类别。该方法在定类决策上只依据最邻近的一个或者几个样本的类别来决定待分样本所属的类别。它是一种基于实例的监督式学习算法，本身不需要进行训练，不会得到一个概括数据特征的模型，只需要选择合适的参数 k 就可以进行应用。在使用 kNN 进行预测时，所有的训练数据都会参与计算。

1. kNN 算法的优点

kNN 算法的优点如下。

- 简单，易于理解，易于实现，无需估计参数。
- 训练时间为零。kNN 算法没有显式的训练，不像其他监督式学习算法会用训练集训练一个模型，然后用模型对验证集或测试集进行分类。因为 kNN 只是把样本保存起来，收到测试数据时再处理，所以 kNN 的训练时间为零。
- kNN 可以处理分类问题，适用于对稀有事件进行分类。
- 特别适合于多分类问题（对象具有多个类别标签），kNN 比支持向量机的表现要好。
- kNN 还可以处理回归问题，即预测。
- 和朴素贝叶斯之类的算法相比，kNN 算法对数据无需假设，准确度高，对异常点不敏感。

2. kNN 算法的缺点

kNN 算法的缺点如下。

- 计算量较大，尤其是当特征数较多的时候。只有计算每一个待分类文本到全体已知样本的距离后才能得到其第 k 个最近邻点。
- 可理解性差，无法给出像决策树那样的规则。
- 是“庸懒散”学习方法，基本上不学习，导致预测时处理速度比逻辑斯谛回归之类的算法慢。
- 当样本不平衡时，对稀有类别的预测准确率低。例如，一个类别的样本容量很大，而其他类别的样本容量很小，当输入一个新样本时，可能导致该样本的 k 个邻居中大容量类别的样本占多数。

- 对训练数据依赖度特别大，对训练数据的容错性较差。如果训练数据集中有一两个数据是错误的，而且刚好又在需要分类的数值旁边，这样会直接产生预测数据不准确的情况。

【任务实施】

1. *k*NN 算法描述

*k*NN 算法的基本步骤如下。

步骤 1：计算待测数据点与所有训练数据的距离。

步骤 2：将距离值递增排序。

步骤 3：选出前 *k* 个最小距离。

步骤 4：统计这 *k* 个距离值所对应标签的频数。

步骤 5：频数最大的标签即预测类别。

当使用 *k*NN 算法进行数值预测时，步骤 4 和步骤 5 需要改为：计算这 *k* 个最小距离对应的标签平均值，并作为预测值。

接下来通过图 4-2 所示的示例进一步说明。

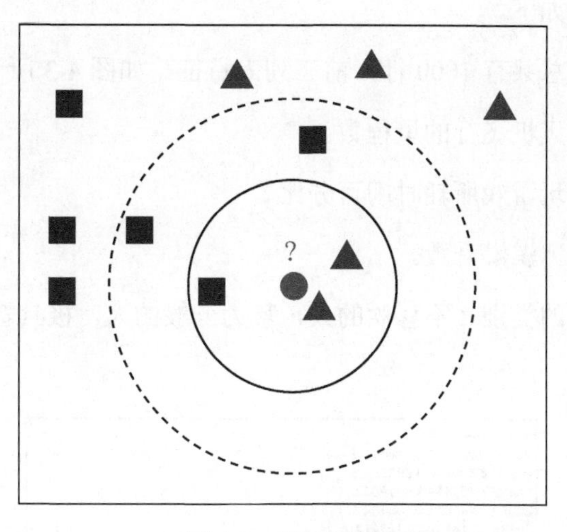

图 4-2　*k*NN 示例

图 4-2 中有两种类别——正方形与三角形，圆形表示待分类点，数据的特征决定了数据点的分布位置。

当 *k*=3 时，3 个与待分类点距离最小的点正好包含在实线圆圈里，其中三角形占多数，所以预测值为三角形。

同理，*k*=5 对应虚线圆圈，此时正方形占多数，预测值变成正方形。若需要进行数值预测，可以取圆圈内的平均值。

2. *k* 值的选择

从上述简单例子可以看到，*k* 值可以直接影响预测效果。关于如何选择合适的 *k* 值，没有固定的计算方法，只能依赖经验。比如，可以利用交叉验证法来得到最优的 *k* 值。

3. 距离的度量

度量距离值的方法有很多，包括曼哈顿距离、马氏距离、切比雪夫距离等。一般情况会采用经典的欧氏距离，它的计算量小，容易解释，且足够准确。

4. *k*NN 算法示例

接下来以经典的海伦约会为例来进一步说明 *k*NN 算法。

海伦一直使用在线约会网站寻找适合自己的约会对象。尽管约会网站会推荐不同的人选，但她并不是喜欢推荐的每一个人。经过一番总结，她发现自己曾交往过 3 种类型的人——不喜欢的人、魅力一般的人和极具魅力的人。

尽管发现了上述规律，但海伦依然无法将约会网站推荐的匹配对象归入恰当的类别。海伦希望分类软件可以更好地帮助她将匹配对象划分到确切的分类中。此外，海伦收集了一些约会网站未记录的数据信息，她认为这些数据有助于匹配对象的归类。

海伦约会的数据集如下。

每个数据占一行，总共有 1000 行，前三列为特征，如图 4-3 所示。

第一列：每年乘坐飞机飞行的里程数。

第二列：看视频、玩游戏所耗时间百分比。

第三列：每周吃的冰淇淋升数。

第四列：男人所属的类别（不喜欢的人，魅力一般的人，极具魅力的人），分别用 1～3 表示。

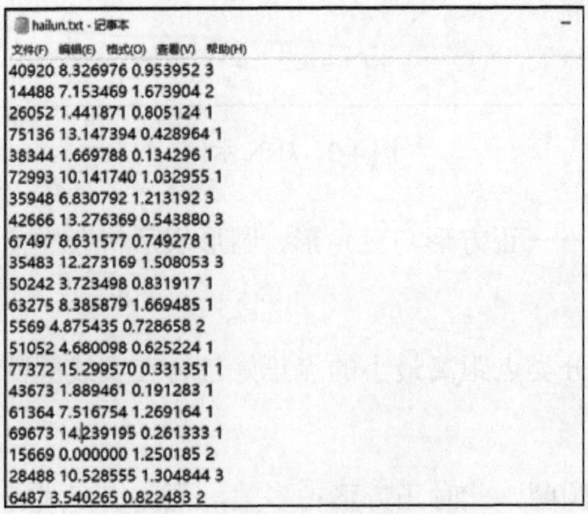

```
hailun.txt - 记事本
文件(F) 编辑(E) 格式(O) 查看(V) 帮助(H)
40920 8.326976 0.953952 3
14488 7.153469 1.673904 2
26052 1.441871 0.805124 1
75136 13.147394 0.428964 1
38344 1.669788 0.134296 1
72993 10.141740 1.032955 1
35948 6.830792 1.213192 3
42666 13.276369 0.543880 3
67497 8.631577 0.749278 1
35483 12.273169 1.508053 3
50242 3.723498 0.831917 1
63275 8.385879 1.669485 1
5569 4.875435 0.728658 2
51052 4.680098 0.625224 1
77372 15.299570 0.331351 1
43673 1.889461 0.191283 1
61364 7.516754 1.269164 1
69673 14.239195 0.261333 1
15669 0.000000 1.250185 2
28488 10.528555 1.304844 3
6487 3.540265 0.822483 2
```

图 4-3　海伦约会的数据集示例

以海伦约会为经典案例应用 *k*NN 算法的 Python 代码如代码清单 4-6 至代码清单 4-11 所示。

代码清单 4-6　读取模块

```
def file2matrix(filename):
    '''
    读取模块
    :param filename: 数据集文件名
    :return: 将特征数据和类别数据分开输出
    '''
    fr = open(filename)
arrayOLines = fr.readlines()

    numberOfLines = len(arrayOLines)
    # print(numberOfLines)
    returnMat = zeros((numberOfLines,3))
    # print(returnMat)# 生成一个行为 numberOfLines 且列为 3 的零矩阵
    classLabelVector = []
    index = 0
    for line in arrayOLines:
        line = line.strip()
        #删除空格
        listFromLine = line.split(' ')
        # print(listFromLine)#以空格为分割标记，将字符串拆分成列表
        returnMat[index,:] = listFromLine[0:3]
        # print(returnMat)#前三个数据由 returnMat 存储
        classLabelVector.append((int(listFromLine[-1])))
        #最后一个数据由 classLabelVector 存储
        index += 1
return returnMat, classLabelVector
```

传入数据集文本文件，整理数据集，分别返回特征和类别数据集。

代码清单 4-7　分别返回特征和类别数据集

```
def show_file2matrix():
    Mat,Labels = file2matrix(('hailun.txt'))
    fig = plt.figure()
    ax = fig.add_subplot(111)
    ax.scatter(Mat[:,0],Mat[:,1],15.0*array(Labels),15.0*array(Labels))
    scatter(x, y, s=None, c=None, marker=None, cmap=None, norm=None, vmin=None,
vmax=None, alpha=None, linewidths=None, verts=None, edgecolors=None, hold=None, data=None,
**kwargs)
    #前两位是输入的数据，第三位是传入大小的参数，第四位是传入颜色的参数
    plt.show()
```

代码清单 4-8　算法模块

```
def classify0(inX, dataSet, labels, k):
```

```
    '''
    训练模块
    kNN 分类算法实现
    :param inX：传入需要测试的列表
    :param dataSet：特征集合
    :param labels：类别集合
    :param k：kNN
    :return：
    '''
    dataSetSize = dataSet.shape[0]
    diffMat = tile(inX, (dataSetSize,1)) - dataSet
    sgDiffMat = diffMat**2
    sgDistances = sgDiffMat.sum(axis=1)
    distances = sgDistances**0.5
    #计算距离
    sortedDistIndicies = distances.argsort()
    classCount={}
    for i in range(k):
        #选择距离最小的 k 个点
        voteIlabel = labels[sortedDistIndicies[i]]
        classCount[voteIlabel] = classCount.get(voteIlabel,0) + 1
    sortedClassCount = sorted(classCount.items(),key=operator.itemgetter(1),reverse=True)
    #排序
    return sortedClassCount[0][0]
```

在进行数据分析时，关于海伦约会的 3 个特征的平均值差距很大，但是这 3 个特征对决定类别都起着相同重要的作用，所以要对数据集合进行归一化。

在处理这种不同取值范围的特征值时，我们通常采用的方法是数值归一化，如将取值范围限制在 0 到 1 或者-1 到 1 之间。下面的代码可以将任意取值范围的特征值转化为 0 到 1 区间内值：

```
newValue = (oldValue - min)/(max - min)
```

其中，min 和 max 分别是数据集中的最小特征值和最大特征值，为了得到准确答案，我们必须将数据归一化。

代码清单 4-9　归一化模块

```
def autoNorm(dataSet):
    '''
    归一化模块
    方程: newValue = (oldValue - min) / (max - min)
    :param dataSet: 需要归一化的数据集
    :return: 归一化后的数据集，最大值和最小值的差，最小值
    '''
    minVals = dataSet.min(0)
```

```
    # print(minVals)#得到最小的那行数据
    maxVals = dataSet.max(0)
    # print(maxVals)#得到最大的那行数据
    ranges = maxVals - minVals
    # print(ranges)#取两个最大最小行的差值
    normDataSet = zeros(dataSet.shape)#定义一个和 dataSet 一样大的零矩阵，以便后面操作
    m = dataSet.shape[0]#m 为 dataSet 的形状，shape[0]指列值
    normDataSet = dataSet - tile(minVals,(m,1))
    normDataSet = normDataSet/tile(ranges,(m,1))
    #numDataSet 为归一化后的值
    return normDataSet, ranges, minVals

def show_autoNorm():

    Mat, Lables = file2matrix('hailun.txt')
    normMat, ranges, minVals = autoNorm(Mat)
    fig = plt.figure()
    ax = fig.add_subplot(111)
    ax.scatter(normMat[:, 0], normMat[:, 1], 15.0 * array(Lables), 15.0 * array(Lables))
    plt.show()
```

测试时，我们需要得到 *k*NN 算法实现的错误率，并通过错误率来检测分类模型的性能。

错误率：分类器给出错误结果的次数除以测试数据的总数，完美分类模型的错误率为 0，而错误率为 1.0 的分类模型则不会给出任何正确的分类结果。

代码清单 4-10　测试模块

```
def datingClassTest():
    '''
    测试模块
    :return:
    '''
    hoRatio = 0.10
    datingDataMat, datingLabels = file2matrix('hailun.txt')
    normMat, ranges, minVals = autoNorm(datingDataMat)
    # normMat 为归一化后的值
    m = normMat.shape[0]
    # m 为 normMat 的行数
    numTestVecs = int(m*hoRatio)
    # 0.10×行数，就是拿 1/10 的数据去测试
    errorCount = 0.0
    # 用于存储错误率
    for i in range(numTestVecs):
        classifierResult = classify0(normMat[i,:],
normMat[numTestVecs:m,:],datingLabels[numTestVecs:m],3)
        #将除去测试数据集的数据集作为训练集
        print("The classifier cameback with: %d, the real answer is: %d"\
              % (classifierResult, datingLabels[i]))
```

```
        if classifierResult != datingLabels[i]:
            errorCount += 1.0
    print("the total error rate is: %f"%(errorCount/float(numTestVecs)))
```

将数据集中的 1/10 作为测试数据，利用 errorCount 存储错误率，运行结束后输出错误率 errorCount。

代码清单 4-11 应用模块

```
def Input_Text():
    '''
    应用模块
    :return:
    '''
    hoRatin = 0.10
    datingDataMat, datingLabels = file2matrix('hailun.txt')
    normMat, ranges, minVals = autoNorm(datingDataMat)
    m = normMat.shape[0]
    #m 为 normMat 的行数

    for i in range(10):
        distance = float(input('distance?'))
        play_time = float(input('play_time?'))
        ice_cream = float(input('ice-cream?'))
        aim = [distance,play_time,ice_cream]
        normDataSet = zeros(1)
        m = 1
        normDataSet = aim - tile(minVals, (m,1))
        normDataSet = normDataSet/tile(ranges,(m,1))
        # print(normDataSet)
        #将输入归一化
        Result = classify0(aim,datingDataMat,datingLabels,3)
        print(Result)
```

任务 5 学习决策树

【任务描述】

本任务主要学习决策树。通过本任务的学习，读者应该掌握决策树的原理与决策树算法应用，了解决策树的决策过程、决策树特征选择等。

【任务目标】

- 了解决策树的定义。
- 了解决策树的构建过程。
- 了解决策树的优缺点。

- 掌握决策树算法的应用方法。

【知识链接】

1. 决策树

决策树是一种树形结构，其中每个内部节点都表示一个特征，每个分支都表示一个特征取值的判断条件，每个叶节点都表示一个类别或者一个数值。通过对特征的逐层划分，决策树可以对数据进行分类或者预测。决策树包含3种节点——根节点、内部节点和叶节点。

2. 决策过程

从根节点开始，测试待分类项中相应的特征属性，并按照其值选择输出分支，直到到达叶节点，最终将叶节点存放的类别作为决策结果。

3. 决策树特征选择

在决策树构建过程中，特征选择是非常重要的一步。特征选择将决定用哪个特征来划分特征空间，并选出对训练数据集具有分类能力的特征，这样可以提高决策树的学习效率。

4. 信息熵

信息熵能够表示随机变量的不确定性，熵越大，不确定性越大。

5. 信息增益

信息增益=信息熵（前）－信息熵（后）。

6. 信息增益比

信息增益比=惩罚参数×信息增益。

特征个数较多时，惩罚参数较小；特征个数较少时，惩罚参数较大。

7. 基尼指数

表示集合的不确定性，基尼系数越大，表示不平等程度越高。

理想的决策树有3种——叶节点数最少、叶节点深度最小以及叶节点数最少且叶节点深度最小。

8. 决策树的优点

决策树的优点如下。

- 易于理解和解释。人们都能较为容易地理解决策树所表达的意义。
- 对于决策树，数据的准备往往是简单或者是不必要的。其他的技术往往要求先把数据一般化，比如去掉多余的或者空白的属性。

- 能够同时处理数据型和常规型属性。其他的技术往往要求单一的数据属性。
- 决策树是一个白盒模型。如果给定一个观察的模型，那么根据所产生的决策树，很容易推出相应的逻辑表达式。
- 易于通过静态测试对模型进行评测，即测量模型的可信度。
- 在相对短的时间内，能够对大型数据源进行分析并得出可行且效果良好的结果。
- 可以应用于多属性的数据集。
- 可以很好地扩展到大型数据库中，同时决策树的大小独立于数据库的大小。

9. 决策树的缺点

决策树的缺点如下。

- 对于那些各类别样本数量不一致的数据，在决策树当中，信息增益的结果偏向于那些具有更多数值的特征。
- 决策树在处理缺失数据时较为困难。
- 容易出现过拟合的问题。
- 忽略了数据集中属性之间的相关性。

【任务实施】

构建决策树的过程可以概括为以下 4 个步骤。

步骤 1：特征选择。即从所有特征中选择一个最优特征进行划分。常见的特征选择标准有信息增益、信息增益比、基尼指数等。

步骤 2：决策树生成。根据选择的特征，将数据集划分为若干个子集。为每个子集生成对应的子节点，并将这些子节点作为当前节点的分支。对每个子节点，重复步骤 1 与步骤 2，直到满足停止条件。

步骤 3：停止条件。当满足以下任一条件时，停止生成决策树。

- 所有特征已经被用于划分。
- 所有子集中的样本都属于同一类别。
- 子集中样本数量不足以继续划分。

步骤 4：剪枝。为了避免过拟合，可以对生成的决策树进行剪枝。常见的剪枝方法有预剪枝和后剪枝。

接下来通过 Python 代码介绍决策树的图算法分析及应用，如代码清单 4-12 所示。

代码清单 4-12 决策树算法应用

```
from sklearn import  tree
from sklearn.datasets import  load_wine
from sklearn.model_selection import  train_test_split
import pandas as pd
import matplotlib.pyplot as plt
wine =load_wine()
pd.concat([pd.DataFrame(wine.data),pd.DataFrame(wine.target)],axis=1)
Xtrain,Xtest,Ytrain,Ytest=train_test_split(wine.data,wine.target,test_size=0.3)
test=[]
for i in range(10):
    for  k in range(10):
        clf = tree.DecisionTreeClassifier(criterion='entropy'
                                        ,random_state=20
                                        ,splitter="random"
                                        ,max_depth=i+1
                                        ,min_samples_leaf=k+1

                                        )
        clf = clf.fit(Xtrain,Ytrain)
        score=clf.score(Xtest,Ytest)
        test.append(score)
plt.plot(range(1,101),test,color="red",label="all")
plt.legend()
plt.show()
```

项目小结

本项目从分类问题入手，介绍了分类问题的概念与应用过程，还介绍了支持向量机、朴素贝叶斯、*k*NN、决策树等分类算法，包含的内容如下。

- 支持向量机是一种监督式学习方法，主要思想是建立一个最优决策超平面，使得该平面两侧距离该平面最近的两类样本之间的距离最大化，从而对分类问题提供良好的泛化能力。
- 支持向量机是一种二分类模型，它的基本模型是定义在特征空间上的间隔最大的线性分类器，间隔最大这一特性使它有别于感知机。支持向量机还包括核技巧，这使它成为实质上的非线性分类器。支持向量机的学习策略就是间隔最大化，可形式化为一个求解凸二次规划的问题，所以支持向量机的学习算法是求解凸二次规划的最优化算法。
- 朴素贝叶斯是经典的机器学习算法之一，也是为数不多的基于概率论的分类算法。

- kNN 算法在定类决策上只依据最邻近的一个或者几个样本的类别来决定待分样本所属的类别。
- 决策树是一种以树形结构进行决策的算法，其中，每个内部节点都表示一个特征，每个分支都表示一个特征取值的判断条件，每个叶节点都表示一个类别或者一个数值。

项目拓展

尝试编程实现基于信息熵进行划分选择的决策树算法，并为图 4-4 所示的西瓜数据集 3.0 中的数据生成一棵决策树。

编号	色泽	根蒂	敲声	纹理	脐部	触感	密度	含糖率	好瓜
1	青绿	蜷缩	浊响	清晰	凹陷	硬滑	0.697	0.460	是
2	乌黑	蜷缩	沉闷	清晰	凹陷	硬滑	0.774	0.376	是
3	乌黑	蜷缩	浊响	清晰	凹陷	硬滑	0.634	0.264	是
4	青绿	蜷缩	沉闷	清晰	凹陷	硬滑	0.608	0.318	是
5	浅白	蜷缩	浊响	清晰	凹陷	硬滑	0.556	0.215	是
6	青绿	稍蜷	浊响	清晰	稍凹	软粘	0.403	0.237	是
7	乌黑	稍蜷	浊响	稍糊	稍凹	软粘	0.481	0.149	是
8	乌黑	稍蜷	浊响	清晰	稍凹	硬滑	0.437	0.211	是
9	乌黑	稍蜷	沉闷	稍糊	稍凹	硬滑	0.666	0.091	否
10	青绿	硬挺	清脆	清晰	平坦	软粘	0.243	0.267	否
11	浅白	硬挺	清脆	模糊	平坦	硬滑	0.245	0.057	否
12	浅白	蜷缩	浊响	模糊	平坦	软粘	0.343	0.099	否
13	青绿	稍蜷	浊响	稍糊	凹陷	硬滑	0.639	0.161	否
14	浅白	稍蜷	沉闷	稍糊	凹陷	硬滑	0.657	0.198	否
15	乌黑	稍蜷	浊响	清晰	稍凹	软粘	0.360	0.370	否
16	浅白	蜷缩	浊响	模糊	平坦	硬滑	0.593	0.042	否
17	青绿	蜷缩	沉闷	稍糊	稍凹	硬滑	0.719	0.103	否

图 4-4　西瓜数据集 3.0

思考与练习

理论题

一、选择题

1. 下面关于支持向量机的说法错误的是（　　）。

A. 支持向量机的基本模型是一个凸二次规划问题

B. 将训练样本分开的超平面仅由支持向量决定

C. 支持向量机的核心思想是间隔最大化

D. 以上选项都是错的

2．对于线性可分的二分类任务样本集，将训练样本分开的超平面有很多，支持向量机试图寻找满足（　　）的超平面。

A．在正负类样本“正中间”的　　B．靠近正类样本的

C．靠近负类样本的　　D．以上说法都不对

3．如果不存在一个能正确划分两类样本的超平面，应该（　　）。

A．将样本从原始空间映射到一个更高维的特征空间，使样本在这个特征空间内线性可分

B．将样本从原始空间映射到一个更高维的特征空间，使样本在这个特征空间内线性不可分

C．将样本从原始空间映射到一个更低维的特征空间，使样本在这个特征空间内线性可分

D．将样本从原始空间映射到一个更低维的特征空间，使样本在这个特征空间内线性不可分

4．下列关于支持向量机的用法正确的是（　　）。

A．当数据是线性可分时，可以考虑支持向量机的基本型

B．当数据是线性不可分时，可以考虑引入核函数的支持向量机

C．若使用引入核函数的支持向量机，可以通过模型选择等技术挑选较为合适的核函数

D．以上说法都是正确的

二、填空题

1．两个不同类别支持向量到超平面的距离之和称为________。

2．通过________可以得到支持向量机的对偶问题。

3．支持向量机的解具有________性质。

4．分类问题输出________值，线性回归问题输出________值。

5．理想的决策树有________、________和________。

实训题

1. 使用 sklearn 包中的 make_circles 方法生成训练样本，随机生成测试样本，然后用 *k*NN 算法分类并可视化。

2．使用 sklearn 包中的 datasets 方法导入训练样本，用留一法产生测试样本，并用 *k*NN 算法分类并输出分类精度。

项目5

聚类算法与应用

与回归和分类不同，聚类是无监督学习算法。无监督指的是只需要数据，不需要标记结果，从而试图探索和发现一些模式，比如对用户购买模式的分析、图像颜色分割等。聚类算法的提出比较早，是数据挖掘的一个重要模块。聚类算法可以对大量数据分类并概括出每一类的特点。目前聚类算法有很多种，包括划分法、层次法、基于密度的方法、基于网格的方法等。在实际生产中，很少有只使用聚类算法的系统，这是因为聚类效果的好坏不容易衡量，有时候会用于监督式学习中稀疏特征的预处理。

思政目标

- 教导学生围绕国家重点需求，攻克科研难题，培育埋头苦干、奋勇前进的精神。
- 教导学生加强理想信念教育，拥有坚定的理想信念，培塑科学精神。

- 了解聚类问题。
- 掌握 K-means 聚类。
- 了解密度聚类。
- 了解层次聚类。

- 了解主成分分析。
- 了解聚类效果评测的方法。

任务1 学习聚类问题

【任务描述】

本任务主要介绍聚类问题。通过本任务的学习，读者应该掌握什么是聚类问题，同时了解生活中的聚类问题与聚类算法的过程。聚类算法的一般过程为：给定 N 个训练样本，同时给定聚类类别数 K，把比较接近的样本放到一个类中，得到 K 个类。

【任务目标】

- 了解聚类和分类的区别。
- 掌握聚类的一般过程。
- 了解生活中的聚类问题。

【知识链接】

聚类能够将数据集中的样本划分为若干个通常不相交的子集，每个子集称为一个“簇”，不同的簇分布代表着聚类算法对这组数据集观测的不同角度。聚类就是将数据对象分组成多个类簇，划分的原则是使得同一个簇内的对象之间具有较高的相似度，而不同簇的对象之间的差异最大，一个类簇内的任意两点之间的距离小于不同类簇的任意两个点之间的距离。聚类能够揭示样本之间内在的性质以及相互之间的联系规律。

【任务实施】

1. 聚类和分类的区别

聚类：是指把相似的数据划分到一起，具体划分的时候并不关心类的标签，目标就是把相似的数据聚合到一起。聚类是一种无监督学习方法。

分类：是指把不同的数据划分开，其过程是通过训练数据集获得一个分类模型，再通过分类模型去预测未知数据。分类是一种监督式学习方法。

2. 聚类的一般过程

聚类的一般过程如下。

步骤1：数据准备。即将特征标准化并降维。

步骤2：特征选择。从最初的特征中选择最有效的特征，并将其存储在向量中。

步骤3：特征提取。通过对选择的特征进行转换以形成新的突出特征。

步骤4：聚类。基于某种距离函数进行相似度度量，获得簇。

步骤5：聚类结果评估。分析聚类结果，如误差平方和等。

3. 生活中的聚类问题

- 用户画像、广告推荐、搜索引擎的流量推荐和恶意流量识别等。
- 基于位置信息的商业推送、新闻聚类和筛选排序等。
- 图像分割、降维、识别；离群点检测；信用卡异常消费；发掘相同功能的基因片段等。

任务2 学习K–means聚类

【任务描述】

本任务主要介绍K-means聚类（K均值聚类）的原理及其算法应用。通过本任务的学习，读者应该掌握K-means聚类算法的应用。

【任务目标】

- 了解K-means聚类的概念。
- 掌握K-means聚类算法具体步骤。
- 掌握K-means聚类算法的应用方法。

【知识链接】

1. K-means聚类的概念

K-means聚类是常用的基础聚类算法，属于无监督学习方法。它的基本思想是通过迭代寻找K个簇，使得聚类结果对应的损失函数最小。其中，损失函数可以定义为各个样本距离所属簇中心点的误差平方和：

$$J(C,\mu)=\sum_{i=1}^{M}\left\|x_i-\mu_{C_i}\right\|^2$$

其中，x_i代表第i个样本，C_i是x_i所属的簇，μ_{C_i}代表簇对应的中心点，M是样本总数。

2. K-means 聚类的优点

K-means 聚类是简单实用的聚类算法，其优点如下。

- 原理比较简单，实现也很容易，收敛速度快。
- 聚类效果较优。
- 算法的可解释性比较强。
- 需要调整的主要参数仅有簇数 K。

3. K-means 聚类的缺点

K-means 聚类的缺点如下。

- K 值的选取不好把握（改进方法：可以通过在开始时给定一个适合的数值 k，通过一次 K-means 聚类算法得到一次聚类中心。对于得到的聚类中心，根据得到的 k 个聚类的距离情况，合并距离最近的类，使聚类中心数减小，当将其用于下次聚类时，相应的聚类数目也将减小，最终得到合适数目的聚类数。我们可以通过一个评判值 E 来让聚类数在合适的位置停下来，而不是继续合并聚类中心。重复上述循环，直至评判函数收敛为止，最终得到较优聚类数的聚类结果）。
- 对于不是凸的数据集比较难收敛（改进方法：可以采用基于密度的聚类算法，比如 DBSCAN 算法）。
- 如果各隐含类别的数据不平衡，比如各隐含类别的数据量严重失衡，或者各隐含类别的方差不同，则会导致聚类效果不佳。
- 采用迭代方法，只能得到局部最优的结果。
- 对噪声和异常点比较敏感（改进方法 1：采用离群点检测的 LOF 算法，通过去除离群点后再聚类，可以减少离群点和孤立点对聚类效果的影响；改进方法 2：改成求点的中位数，这种聚类方式称为 K-mediods 聚类）。
- 初始聚类中心的选择较为困难（改进方法 1：使用 K-means++聚类；改进方法 2：使用二分 K-means 聚类）。

【任务实施】

K-means 聚类算法的思想很简单。对于给定的样本集，按照样本之间的距离大小，将样本集划分为 K 个簇。让簇内的点尽量紧密地连在一起，同时让簇间的距离尽可能大。

如果用数据表达式表示，假设簇划分为（C_1，C_2，…，C_k），则我们的目标是最小化平方误差 E：

$$E=\sum_{i=1}^{k}\sum_{x\in C_i}\|x-\mu_i\|_2^2$$

其中，μ_i是簇C_i的均值向量，有时也称为质心，表达式为：

$$\mu_i=\frac{1}{|C_i|}\sum_{x\in C_i}x$$

K-means 聚类算法的核心目标是将给定的数据集划分成 K 个簇（K 是超参），并给出每个样本数据对应的中心点。具体步骤非常简单，可以分为 4 步。

步骤 1：数据预处理。主要是标准化、异常点过滤等。

步骤 2：随机选取 K 个中心，记为$\mu_1^{(0)}$，$\mu_2^{(0)}$，…，$\mu_K^{(0)}$。

步骤 3：定义损失函数为$J(C,\mu)=\min\sum_{i=1}^{M}\left\|x_i-\mu_{C_i}\right\|^2$。

步骤 4：令 t=0，1，2，…为迭代步数，重复如下过程直到 J 收敛。

- 对于每一个样本x_i，将其分配到距离最近的中心。
- 对于每一个类中心μ_{C_i}，重新计算该类的中心。

K-means 聚类算法的 Python 代码如代码清单 5-1 和代码清单 5-2 所示。

代码清单 5-1　导入数据和中心点

```
from sklearn.datasets import make_blobs, make_moons
import matplotlib.pyplot as plt
from sklearn.cluster import KMeans
fig=plt.figure(1)
plt.subplot(221)
center=[[1,1],[-1,-1],[1,-1]]
X,Y=make_blobs(n_samples=500,centers=center,n_features=3,cluster_std=0.35,random_s
tate=1)
plt.scatter(X[:,0],X[:,1],marker='o',c=Y)
```

代码清单 5-2　K-means 聚类算法

```
plt.subplot(222)
model = KMeans(n_clusters=3).fit(X)
predictions = model.predict(X)
plt.scatter(X[:,0],X[:,1],marker='^', c=predictions)
plt.subplot(223)
x,y=make_moons(n_samples=1000,noise=0.1)
plt.scatter(x[:,0],x[:,1],marker='o',c=y)
plt.subplot(224)
model1= KMeans(n_clusters=2).fit(x)
predictions1 = model1.predict(x)
plt.scatter(x[:,0],x[:,1],marker='o', c=predictions1)
plt.show()
```

任务 3　学习密度聚类

【任务描述】

本任务主要介绍密度聚类算法的原理及其算法应用。通过本任务的学习，读者应该掌握密度聚类算法的实际应用方法。

【任务目标】

- 了解密度聚类的基本概念。
- 掌握常用的密度聚类算法。
- 掌握密度聚类算法的应用方法。

【知识链接】

1. 密度聚类的基本概念

给定数据集 $D=(x_1, x_2, \cdots, x_m)$，$i=1, 2, m$，定义如下几个相关的概念。

- 邻域：对于任意给定样本 x_i 和距离 ε，x_i 的 ε 邻域是指到 x_i 距离不超过 ε 的样本的集合。
- 核心对象：若样本 x_i 的 ε 邻域内至少包含 *minPts* 个样本，则 x_i 是一个核心对象。
- 密度直达：若样本 x_j 在 x_i 的 ε 邻域内，且 x_i 是核心对象，则称样本 x_j 由样本 x 密度直达。
- 密度可达：对于样本 x_i 和 x_j，如果存在样例 $p_1, p_2, \cdots, p_n$，其中，$p_1 = x_i$，$p_n = x_j$，且序列中每一个样本都与它的前一个样本密度直达，则称样本 x_i 和 x_j 密度可达。
- 密度相连：对于样本 x_i 和 x_j，若存在样本 x_k 使得 x_i 与 x_k 密度可达，且 x_k 与 x_j 密度可达，则 x_i 与 x_j 密度相连。

密度聚类也称“基于密度的聚类”，它通过考察样本间的可连接性和样本分布的紧密程度来确定聚类结构。

2. 密度聚类的主要特点

密度聚类的主要特点如下。

- 能够发现任意形状的簇。
- 对噪声数据不敏感。
- 只需一次扫描即可完成聚类。
- 需要密度参数作为停止条件。

- 计算量大、复杂度高。

3. 密度聚类的优点

密度聚类的优点如下。

- 可以对任意形状的稠密数据集进行聚类，相对地，K-means 聚类之类的聚类算法一般只适用于凸数据集。
- 可以在聚类的同时发现异常点，但对数据集中的异常点不敏感。
- 聚类结果没有偏移，相对地，K-means 聚类之类的聚类算法初始值对聚类结果有较大影响。

4. 密度聚类的缺点

密度聚类的缺点如下。

- 如果样本集的密度不均匀且聚类间距相差很大，那么聚类质量则较差，这时一般不适合用 DBSCAN 算法。
- 如果样本集较大，聚类收敛时间较长，可以通过对搜索最近邻时建立的 KD 树或者球树进行规模限制来改进。
- 密度聚类的调参过程相对于传统的 K-means 聚类之类的聚类算法来说稍显复杂，需要结合距离阈值 ε 与邻域样本数阈值 $MinPts$ 联合调参，不同的参数组合对最后的聚类效果有较大影响。

【任务实施】

常用的密度聚类算法包括 DBSCAN、MDCA、OPTICS、DENCLUE 等。本任务重点介绍 DBSCAN 算法。

作为经典的密度聚类算法，DBSCAN 算法使用一组关于“邻域”概念的参数来描述样本分布的紧密程度，并将具有足够密度的区域划分成簇，且能在有噪声的条件下发现任意形状的簇。

图 5-1 简单表示了密度关系。

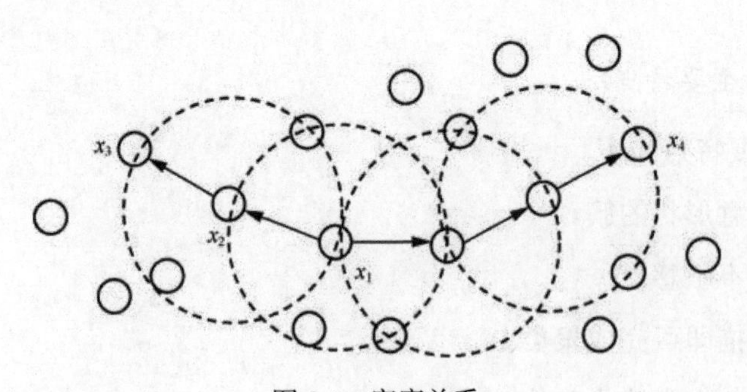

图 5-1 密度关系

当 *minPts*=3 时，图 5-1 中的虚线圈表示 ε 邻域，通过观察可以判断出如下内容。

- x_1 是核心对象。
- x_2 由 x_1 密度直达。
- x_3 由 x_1 密度可达。
- x_3 与 x_4 密度相连。

接下来通过一个示例进行介绍。

现有大学校园网的日志数据（如图 5-2 所示），其中包括 290 条大学生的校园网使用情况数据。相关数据包括记录编号，学生编号、MAC 地址、IP 地址、开始上网时间、停止上网时间和上网时长。下面我们将利用已有数据，通过 DBSCAN 算法，分析学生上网时间和上网时长的模式。

学生上网日志（单条数据格式）	
记录编号	2c929293466b97a6014754607e457d68
学生编号	U201215025
MAC地址	A417314EEA7B
IP地址	10.12.49.26
开始上网时间	2014-07-20 22:44:18.540000000
停止上网时间	2014-07-20 23:10:16.540000000
上网时长	1558

图 5-2　学生上网日志示例数据

DBSCAN 算法的 Python 代码如代码清单 5-3 至代码清单 5-6 所示。

代码清单 5-3　建立工程，导入 sklearn 相关包

```
import numpy as np
import sklearn.cluster as skc
from sklearn import metrics
from sklearn.cluster import DBSCAN
import matplotlib.pyplot as plt
```

代码清单 5-4　读入数据并进行处理

```
mac2id = dict()        #mac2id 是一个字典：key 表示 MAC 地址，value 对应 MAC 地址的上网时长以及
                       #开始上网时间
onlinetimes = []
f = open('TestData.txt', encoding='utf-8')
for line in f:
    mac = line.split(',')[2]                          #读取每条数据中的 MAC 地址
    onlinetime = int(line.split(',')[6])              #上网时长
    starttime = int(line.split(',')[4].split(' ')[1].split(':')[0])   #开始上网时间
    if mac not in mac2id:
```

```
        mac2id[mac] = len(onlinetimes)
        onlinetimes.append((starttime, onlinetime))
    else:
        onlinetimes[mac2id[mac]] = [(starttime, onlinetime)]
real_X = np.array(onlinetimes).reshape((-1, 2))
X = real_X[:, 0:1]
```

代码清单 5-5　上网时间聚类，创建 DBSCAN 算法实例，并训练，获得标签

```
db = skc.DBSCAN(eps=0.01, min_samples=20).fit(X) # 调用 DBSCAN 算法进行训练，labels 为
                                                  # 每个数据的簇标签
labels = db.labels_
```

代码清单 5-6　输出标签，查看结果

```
print('Labels:')
print(labels)
raito = len(labels[labels[:] == -1]) / len(labels)
print('Noise raito:', format(raito, '.2%'))

n_clusters_ = len(set(labels)) - (1 if -1 in labels else 0)   #计算簇的个数并输出，评价
                                                               #聚类效果
print('Estimated number of clusters: %d' % n_clusters_)
print("Silhouette Coefficient: %0.3f" % metrics.silhouette_score(X, labels))

for i in range(n_clusters_):                    #输出各簇标号以及各簇内数据
    print('Cluster ', i, ':')
print(list(X[labels == i].flatten()))
plt.hist(X, 24)
plt.show()
```

任务 4　学习层次聚类

【任务描述】

本任务主要介绍与层次聚类相关的知识。通过本任务的学习，读者应该掌握层次聚类的原理及其算法应用。对于大量未知标注的数据集，聚类能够按照数据内部存在的数据特征将数据集划分为多个不同的类别，使同一类别内的数据相似度较高，不同类别之间的数据相似度较低。

【任务目标】

- 了解层次聚类的基本概念。
- 了解层次聚类算法的流程。

- 掌握层次聚类的案例分析。

【知识链接】

1. 层次聚类的基本概念

层次聚类是聚类算法的一种，它能够通过计算不同类别数据点间的相似度来创建一棵有层次的嵌套聚类树。在聚类树中，不同类别的原始数据点是树的最底层，而树的顶层是一个聚类的根节点。创建聚类树有自底向上合并和自顶向下分裂两种方法。算法流程如图 5-3 所示。

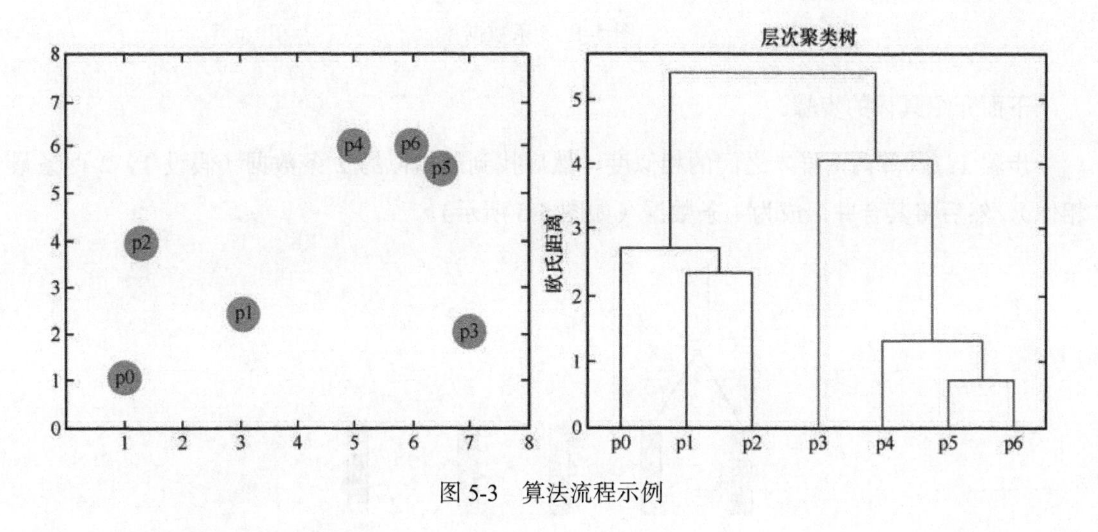

图 5-3　算法流程示例

2. 层次聚类算法的优点

层次聚类算法的优点如下。

- 距离和规则的相似度容易定义，限制少。
- 不需要预先指定聚类数。
- 可以发现类的层次关系。
- 可以聚类成其他形状。

3. 层次聚类算法的缺点

层次聚类算法的缺点如下。

- 计算复杂度高。
- 奇异值也能产生很大影响。
- 算法很可能聚类成链状。

【任务实施】

通过自底向上合并的方法构造一棵树

为了便于说明，假设我们有 5 条数据，利用这 5 条数据构造一棵树。图 5-4 展示了这 5 条数据。

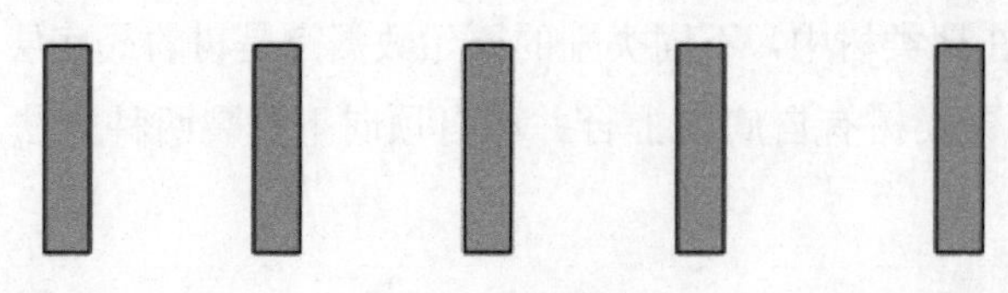

图 5-4　5 条数据

下面介绍具体的步骤。

步骤 1：计算两两样本之间的相似度，然后找到最相似的 2 条数据（假设 1、2 两条最相似），然后将其合并，成为 1 条数据（如图 5-5 所示）。

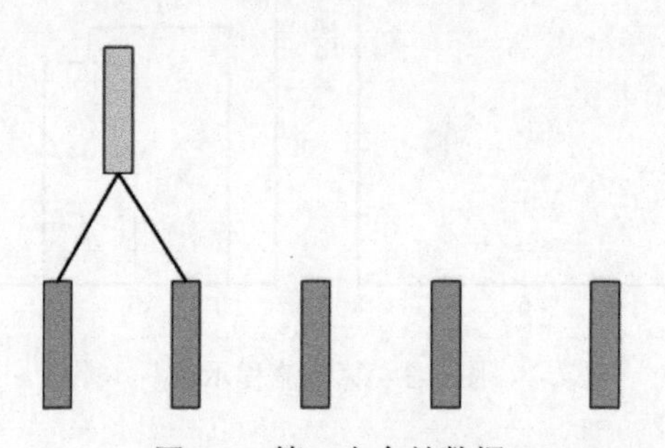

图 5-5　第一次合并数据

步骤 2：现在数据还剩 4 条，然后同样计算两两样本之间的相似度，找出最相似的 2 条数据（假设前 2 条最相似），然后再合并，成为 1 条数据（如图 5-6 所示）。

步骤 3：现在还剩余 3 条数据，然后继续重复步骤 1 和步骤 2，假设后面 2 条数据最相似（如图 5-7 所示）。

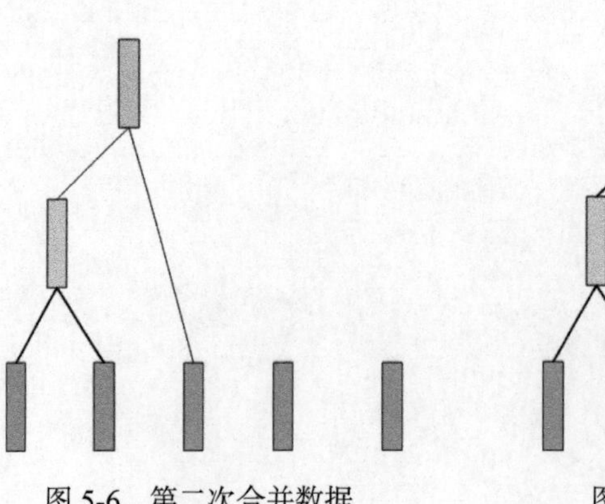

图 5-6　第二次合并数据

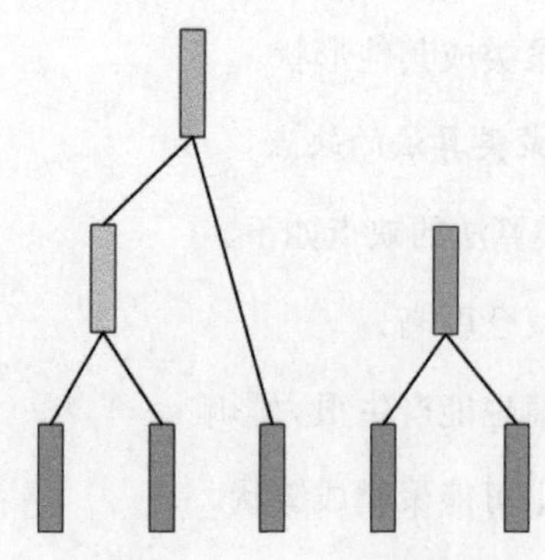

图 5-7　第三次合并数据

步骤 4：现在还剩余 2 条数据，再把这 2 条数据合并，最终完成一棵树的构建（如图 5-8 所示）。

以上过程就是采用自底向上合并方法构建聚类树的过程。自顶向下分裂方法的过程与之相似，只不过初始数据是一个类别，不断分裂出距离最远的那个点，直到所有的点都成为叶节点。

那么我们如何根据这棵树进行聚类呢？

首先，我们从树的中间部分切一刀（如图 5-9 所示）。

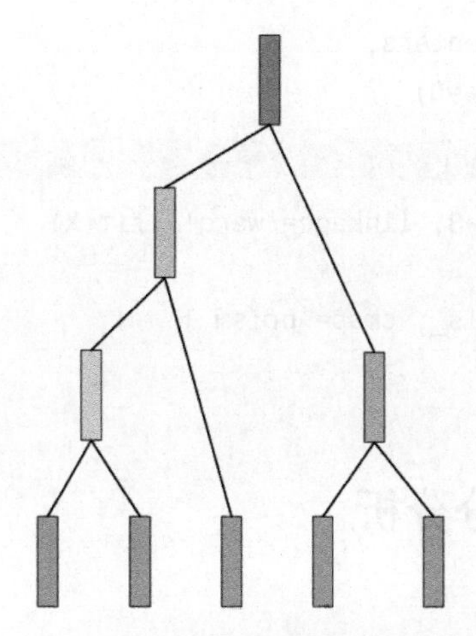

图 5-8 最终构建的一棵树

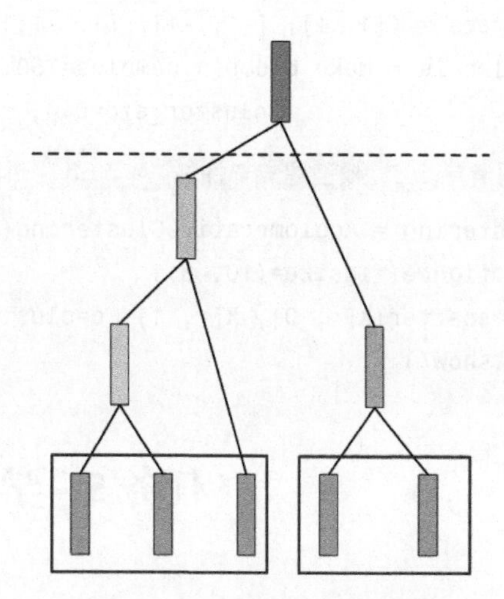

图 5-9 对树进行切割展示

然后叶节点被分成两个类别（如图 5-10 所示）。

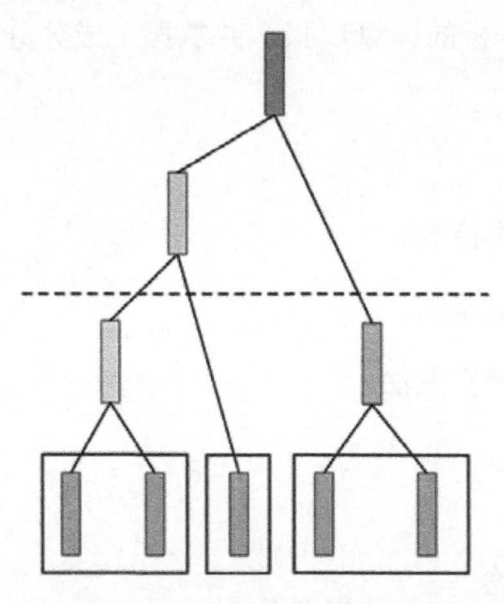

图 5-10 分成两个类别

至此样本集就被分成 3 个类别。在实际的切分过程中，将由阈值 threshold 来决定切在什么位置，而这个阈值是需要预先给定的。

但在实际操作过程中往往不需要先构建一棵树，再进行切分。

在创建树的过程中，当达到所指定的类别后，就可以停止树的构建。

层次聚类算法的 Python 代码如代码清单 5-7 和代码清单 5-8 所示。

代码清单 5-7　导入数据

```
from sklearn.datasets import make_blobs
from sklearn.cluster import AgglomerativeClustering
import matplotlib.pyplot as plt
# 生成样本点
centers = [[1, 1], [-1, -1], [1, -1]]
X, labels = make_blobs(n_samples=750, centers=centers,
                       cluster_std=0.4, random_state=0)
```

代码清单 5-8　模型建立与评估

```
clustering = AgglomerativeClustering(n_clusters=3, linkage='ward').fit(X)
plt.figure(figsize=(10, 8))
plt.scatter(X[:, 0], X[:, 1], c=clustering.labels_, cmap='prism')
plt.show()
```

任务 5　学习主成分分析

【任务描述】

本任务主要介绍主成分分析及其算法应用。通过本任务的学习，读者应该了解主成分分析的基本概念，掌握主成分分析的计算步骤，并掌握主成分分析在实际中的算法应用。

【任务目标】

- 了解主成分分析的基本概念。
- 掌握主成分分析的计算步骤。
- 掌握主成分分析案例分析方法。

【知识链接】

1. 主成分分析的基本概念

主成分分析（Principal Component Analysis，PCA）又称主成分回归分析，旨在利用降维的思想，把多指标转化为少量综合指标。

在统计学中，主成分分析作为一种简化数据集的技术，是一个线性变换。这种变换能够把数据变换到一个新的坐标系统中，使得任何数据投影的第一大方差在第一个坐标（称为第一主成分）上，第二大方差在第二个坐标（第二主成分）上，依此类推。

主成分分析经常用于减少数据集的维数，因为其可以在减少数据集维度的同时保持数据集对方差贡献最大的特征。

2. 主成分分析算法的优点

主成分分析算法的优点如下。

- 能够使得数据集更易使用。
- 降低算法的计算开销。
- 去除噪声。
- 使得结果容易理解。
- 无参数限制。

3. 主成分分析算法的缺点

主成分分析算法的缺点如下。

- 如果用户对观测对象有一定的先验知识，且掌握了数据的一些特征，却无法通过参数化等方法对处理过程进行干预，可能会得不到预期的结果，效率较高。
- 特征值分解有一定局限性，比如变换的矩阵必须是方阵。
- 在非高斯分布的情况下，主成分分析算法得出的主元可能并不是最优的。

4. 主成分分析算法的应用领域

主成分分析算法的应用领域如下。

- 高维数据集的探索与可视化。
- 数据压缩。
- 数据预处理。
- 图像、语音、通信的分析处理。
- 降维（最主要的目的），去除数据冗余与噪声。

【任务实施】

1. 主成分分析的原理

主成分分析是一种降维的统计方法。它借助一个正交变换，将其分量相关的原随机向量转化成其分量不相关的新随机向量。这在代数上表现为将原随机向量的协方差阵变换成对角阵；在几何上表现为将原坐标系变换成新的正交坐标系，使之指向样本点散布最开的 p 个正交方向。然后对多维变量系统进行降维处理，使之能以一个较高的精度转换成低维变量系统。最终通过构造适当的价值函数，进一步把低维系统转化成一维系统。

2. 主成分分析的计算步骤

设样本数据为 n 维，共 m 个。主成分分析的计算步骤如下。

步骤 1：将这些样本数据按列组成矩阵 $\boldsymbol{X}_{nm}$。

步骤 2：对 $\boldsymbol{X}_{nm}$ 按行均值化，即先求每一行的均值，然后该行的每一个元素都减去这个均值。

步骤 3：求出协方差矩阵。

步骤 4：求出协方差矩阵的特征值，即对应的特征向量。

步骤 5：将特征向量按对应的特征值大小从上向下按行排列成矩阵，取前 k 行组成矩阵 $\boldsymbol{P}$。

步骤 6：代入公式 $Y=\boldsymbol{PX}$，Y 为降维到 k 维后的数据集。

主成分分析算法的 Python 代码如代码清单 5-9 至代码清单 5-11 所示。

代码清单 5-9　导入数据

```
import matplotlib.pyplot as plt
from sklearn import decomposition,datasets
iris=datasets.load_iris()#加载数据
X=iris['data']
```

代码清单 5-10　模型建立

```
model=decomposition.PCA(n_components=2)
model.fit(X)
X_new=model.fit_transform(X)
```

代码清单 5-11　模型评估

```
Maxcomponent=model.components_
ratio=model.explained_variance_ratio_
score=model.score(X)
print('降维后的数据:',X_new)
print('返回具有最大方差的成分:',Maxcomponent)
print('保留主成分的方差贡献率:',ratio)
print('所有样本的 log 似然平均值:',score)
print('奇异值:',model.singular_values_)
print('噪声协方差:',model.noise_variance_)
g1=plt.figure(1,figsize=(8,6))
plt.scatter(X_new[:,0],X_new[:,1],c='r',cmap=plt.cm.Set1, edgecolor='k', s=40)
plt.xlabel('x1')
plt.ylabel('x2')
```

```
plt.title('After the dimension reduction')
plt.show()
```

任务 6　进行聚类效果评测

【任务描述】

本任务主要介绍如何评测聚类效果。通过本任务的学习，读者应该掌握评估聚类质量的标准。

【任务目标】

- 了解内部质量评价标准。
- 了解外部质量评价标准。

【知识链接】

一个好的聚类方法可以产生高品质簇，使得簇内相似度高，簇间相似度低。一般来说，评估聚类质量有两个标准——内部质量评价标准和外部质量评价标准。

1. 内部质量评价标准

内部质量评价标准是利用数据集的属性特征来评价聚类算法优劣的。我们可以通过计算总体的相似度、簇间平均相似度或簇内平均相似度来评价聚类质量。评价聚类效果的好坏通常使用聚类的有效性指标，所以目前检验聚类的有效性指标主要是通过簇间距离和簇内距离来衡量的。

只考虑簇内相似度，可以使用如下指标。

- 误差平方和（Sum of Squared Error，SSE）。
- 紧密性（Compactness）。

只考虑簇间的情况，可以使用如下指标。

- 间隔性（Separation）。

簇内、簇间都考虑，可以使用如下指标。

- 轮廓系数（Silhouette Coefficient）。
- CH 指数（Calinski-Harabaz Index）。
- 戴维森堡丁指数（Davies-Bouldin Index，DBI）。

- 邓恩指数（Dunn Validity Index，DVI）。

2. 外部质量评价标准

外部质量评价标准是基于已知分类标签数据集进行评价的，这样可以将原有标签数据与聚类输出结果进行对比。外部质量评价标准的理想聚类结果是：具有不同类标签的数据聚合到不同的簇中，具有相同类标签的数据聚合到相同的簇中。外部质量评价准则通常使用熵、纯度等指标进行度量。

【任务实施】

1. 误差平方和

误差平方和计算的是拟合数据和原始数据对应点误差平方和，计算公式如下：

$$\sum_{i=1}^{n}\left(y_i - y_i^*\right)^2$$

误差平方和越接近于 0，说明模型选择和拟合越好。一般误差平方和可以和 K-means 聚类算法搭配，使用手肘法和碎石图来选取最优的聚类个数 k。

误差平方和计算的 Python 代码如代码清单 5-12 所示。

代码清单 5-12　误差平方和计算

```
import numpy as np
import pandas as pd
from sklearn.datasets import load_iris
from sklearn.cluster import KMeans
import matplotlib.pyplot as plt

iris = load_iris()
X = iris.data
y = iris.target
df = pd.DataFrame(X,columns=iris.feature_names)

sse = []
for k in range(1,9):
    estimator = KMeans(n_clusters=k)
    estimator.fit(df)
    sse.append(estimator.inertia_)
fig,ax = plt.subplots()
ax.plot(np.arange(1,9),sse,marker='o')
plt.show()
```

2. 轮廓系数

轮廓系数适用于实际类别信息未知的情况。对于单个样本，设 a 是与它同类别中其他样本的平均距离，b 是与它距离最近不同类别中样本的平均距离，其轮廓系数为：

$$s = \frac{b-a}{\max(a,b)}$$

对于一个样本集合，它的轮廓系数是所有样本轮廓系数的平均值。轮廓系数的取值范围是[−1,1]，同类别样本距离越相近，不同类别样本距离越远，分数越高（越高越好）。轮廓系数的缺点是不适合基于密度的聚类算法（如 DBSCAN 算法）。

轮廓系数计算的 Python 代码如代码清单 5-13 所示。

代码清单 5-13 轮廓系数计算

```
from sklearn import metrics
from sklearn.metrics import pairwise_distances
from sklearn import datasets
from sklearn.datasets import make_blobs
import numpy as np
from sklearn.cluster import KMeans

X,y = make_blobs(n_samples=2000,n_features=10,centers=5)

score = []
for k in range(2,10):
    model = KMeans(n_clusters=k,random_state=1).fit(X)
    labels = model.labels_
    score.append(metrics.silhouette_score(X,labels,metric='euclidean'))

fig,ax = plt.subplots()
ax.plot(np.arange(2,10),score)
plt.show()
```

3. CH 指数

在不知道真实分类标签的情况下，CH 指数可以作为评估模型的一个指标。

首先计算类别中各点与类别中心距离的平方和来度量类别内的紧密度，然后计算各类别中心点与数据集中心点距离的平方和来度量数据集的分离度，CH 指数即分离度与紧密度的比值。所以，CH 指数越大代表类别自身越紧密，类别与类别之间越分散，即更优的聚类结果。CH 指数的计算公式如下：

$$s(k) = \frac{tr(\boldsymbol{B}_k)m-k}{tr(\boldsymbol{W}_k)k-1}$$

其中，m 为训练样本数，k 是类别个数，$\boldsymbol{B}_k$ 是类别之间协方差矩阵，$\boldsymbol{W}_k$ 是类别内部数据协方差矩阵，tr 为矩阵的迹。

也就是说，类别内部数据的协方差越小越好，而类别之间的协方差越大越好，这样 CH 指数会高。同时，CH 指数的数值越小可以理解为：类别之间协方差很小，类别与类别之间界限不明显。相对于轮廓系数，CH 指数的计算速度更快，且当簇密集分离较好时，分数更高。通常由于凸簇的分数会更高，因此不太适合基于密度的聚类算法（如 DBSCAN 算法）。

CH 指数计算的 Python 代码如代码清单 5-14 所示。

代码清单 5-14　CH 指数计算

```
import numpy as np
from sklearn.cluster import KMeans
from sklearn.datasets import make_blobs

X,y = make_blobs(n_samples=2000,n_features=10,centers=5)
score = []
for i in range(2,10):
    model = KMeans(n_clusters=i,random_state=1).fit(X)
    labels = model.labels_
    score.append(metrics.calinski_harabasz_score(X,labels))
fig,ax = plt.subplots()
ax.plot(np.arange(2,10),score)
plt.show()
```

4. 戴维森堡丁指数

戴维森堡丁指数的计算方法是任意两类别的类别内距离平均距离之和除以两类别聚类中心距离，再求最大值。戴维森堡丁指数越小意味着类别内距离越小，同时类别间距离越大（越小越好）。

戴维森堡丁指数的计算公式如下：

$$\frac{1}{n}\sum_{i=1}^{n}\max(j \neq i)(\frac{\sigma_i+\sigma_j}{d(c_i,c_j)})$$

其中，n 是类别个数，c_i 是第 i 个类别的中心，σ_i 是类别 i 中所有的点到中心的平均距离。$d(c_i, c_j)$是第 j 个类别中心点和第 i 个类别之间的距离。算法生成的聚类结果越是朝着类别内距离最小（类别内相似性最大）和类别间距离最大（类别间相似性最小）变化，戴维森堡丁指数越小。

由于戴维森堡丁指数使用的是欧氏距离，因此对于环状分布聚类评测的效果较差。

戴维森堡丁指数计算的 Python 代码如代码清单 5-15 所示。

代码清单 5-15　戴维森堡丁指数计算

```
from sklearn import datasets
from sklearn.cluster import SpectralClustering
from sklearn.metrics import davies_bouldin_score
from sklearn.datasets import make_blobs

X,y = make_blobs(n_samples=3000,centers=4,cluster_std=0.5,random_state=0)

score = []
for k in range(2,10):
    model = SpectralClustering(n_clusters=k)
    model.fit(X)
    labels = model.labels_
    score.append(davies_bouldin_score(X,labels))

fig,ax = plt.subplots()
ax.plot(np.arange(2,10),score)
plt.show()
```

项目小结

本项目从聚类问题入手介绍了各类聚类算法，主要涉及 K-means 聚类、密度聚类、层次聚类、主成分分析等。包含的内容如下。

- 聚类算法是一种典型的无监督学习算法，主要用于将相似的样本归到一个类别中。聚类算法能够根据样本之间的相似性，将样本划分到不同的类别中，对于不同的相似度计算方法，会得到不同的聚类结果。常用的相似度计算方法有欧氏距离法。
- K-means 聚类是一种无监督学习算法，它会将相似的对象归到同一类中。该算法可以将数据划分为指定的 K 个簇，并且簇的中心点由各簇样本均值计算所得。该聚类算法的思路非常通俗易懂，就是不断地计算各样本点与簇中心之间的距离，直到收敛。
- 层次聚类能够基于簇间的相似度在不同层次上分析数据，从而形成树形的聚类结构。层次聚类一般有两种划分方法——自底向上合并方法和自顶向下分裂方法。
- 主成分分析又称主成分回归分析，旨在利用降维的思想，把多指标转化为少量综合指标。
- 内部质量评价标准：不借助外部信息，仅根据聚类结果进行评估。
- 外部质量评价标准：在知道真实标签的情况下评估聚类结果的好坏，用有监督的数据去评测无监督训练的结果。

项目拓展

请读者利用聚类算法解决某个实际问题。

思考与练习

理论题

一、选择题

1．下列关于 K-means 聚类算法的说法错误的是（　　）。

A．针对大数据集有较高的效率并且具有可伸缩性

B．是一种无监督学习方法

C．*K* 值无法自动获取，由初始聚类中心随机选择

D．初始聚类中心的选择对聚类结果影响不大

2．关于聚类分析，下列说法中正确的是（　　）。

A．聚类分析可以看作一种无监督的分类

B．K-means 聚类是一种产生划分聚类的基于密度的聚类算法，簇的个数由算法自动确定

C．聚类分析中，簇内的相似性越大，簇间的差别越大，聚类的效果就越差

D．聚类是找出描述并区分数据类或概念的模型（或函数），以便能够使用模型预测类别，标记未知对象类别的过程

3．聚类的主要方法不包括（　　）。

A．系统聚类　　B．监督聚类

C．K-means 聚类　　D．分布聚类

4．层次聚类对给定的数据进行（　　）的分解。

A．聚合　　B．层次　　C．分拆　　D．复制

5．（　　）是一种著名的密度聚类算法，它基于一组关于邻域的参数来描述样本的紧密程度。

A．DBSCAN　　B．原型聚类

C．密度聚类　　D．层次聚类

二、简答题

1．常用的聚类划分方式有哪些？列举代表算法。

2．简述 K-means 聚类算法的主要思路。

3．请举例说明 DBSCAN 算法的主要思路。

4．主成分分析法是干什么用的？怎么做到降维？

实训题

假设有 8 个点：（3, 1），（3, 2），（4, 1），（4, 2），（1, 3），（1, 4），（2, 3），（2, 4），使用 K-means 聚类算法对其进行聚类。假设初始聚类中心点分别为（0, 4）和（3, 3），则最终的聚类中心为（x, y）和（y, x）。

项目 6

机器学习应用

在学习前几个项目的内容后，我们对机器学习有了基本的了解，掌握了回归、分类、聚类算法。但将机器学习的算法应用到工作、生活中才是关键。利用算法解决问题是机器学习的最终任务。本项目将详细介绍机器学习实战，通过利用所学习的算法解决现实中的问题。

思政目标

- 培育学生埋头苦干、奋勇前进的精神，坚持科技创新，不轻言放弃，不断提高专业水平。
- 培育学生贯彻落实二十大精神，让学生提升科学价值观，培养学生科技创新意识。

教学目标

- 掌握 MNIST 数字分类任务中的模型算法与图形界面交互式窗口的实现方法。
- 学习泰坦尼克号生存计划中的数据可视化分析与模型评估方法。
- 理解房价预测任务中的数据处理与预测算法。

任务 1　学习 MNIST 数字分类

【任务描述】

实现手写数字识别，需要计算机拥有识别人类手写数字的能力。本任务将借助 Python 语言，利用 MNIST 数据集进行训练与测试，最终建立模型，实现手写数字识别。

【任务目标】

- 了解手写数字识别与 MNIST 数据集。
- 掌握数据预处理的方式。
- 了解模型建立与评估的方法。
- 利用图形界面交互式窗口实现手写数字识别。

【知识链接】

1. 手写数字识别

手写数字识别对计算机来说是一项艰巨的任务，因为手写的数字并不完美。针对手写数字识别问题，我们可以借助计算机生成数字图像并识别图像中的数字。

2. MNIST 数据集

MNIST 数据集可能是最受机器学习和深度学习爱好者欢迎的数据集之一。MNIST 数据集包含 60 000 张从 0 到 9 的手写数字训练图像和 10 000 张用于测试的图像。而且 MNIST 数据集有 10 个不同的类。手写数字训练图像表示为 28×28 的矩阵，其中每个单元格都包含灰度像素值。

【任务实施】

首先，借助第三方库导出数据集并处理数据；其次，创建模型并通过评估获得最优结果；然后，利用 GUI 创建图形界面交互式窗口；最后，在画布中写下手写数字，并利用模型实现手写数字识别。

1. 导入库并加载数据集

首先，我们将导入训练模型所需的模块。Keras 库已经包含了一些数据集，MNIST 就是其中之一。因此，我们可以轻松地导入数据集并开始使用。mnist.load_data()函数能够返回训练数据及其标签、测试数据及其标签。相关代码如代码清单 6-1 所示。

代码清单 6-1 导入相关库并加载数据集

```
import keras
from keras.datasets import mnist
from keras.models import Sequential
from keras.layers import Dense, Dropout, Flatten
from keras.layers import Conv2D, MaxPooling2D
from keras import backend as K

(x_train, y_train), (x_test, y_test) = mnist.load_data()
print(x_train.shape, y_train.shape)
```

我们可以得到如图 6-1 所示的数据形状。通过了解数据的大小与维度，我们可以更方便地处理与分析数据。

```
(60000, 28, 28) (60000,)
```

图 6-1 数据形状

2. 预处理数据

由于图像数据不能直接输入模型中，因此我们需要执行一些操作来处理数据，为输入神经网络模型做好准备。训练数据的形状为（60000，28，28）。由于神经网络模型还需要一个维度，因此我们将矩阵重塑为形状（60000，28，28，1）。相关代码如代码清单 6-2 所示。

代码清单 6-2 预处理数据

```
x_train = x_train.reshape(x_train.shape[0], 28, 28, 1)
x_test = x_test.reshape(x_test.shape[0], 28, 28, 1)
input_shape = (28, 28, 1)
y_train = keras.utils.to_categorical(y_train)
y_test = keras.utils.to_categorical(y_test)
x_train = x_train.astype('float32')
x_test = x_test.astype('float32')
x_train /= 255
x_test /= 255
print('x_train shape:', x_train.shape)
print(x_train.shape[0], 'train samples')
print(x_test.shape[0], 'test samples')
```

运行上述代码后可以看到如图 6-2 所示的数据示例结果。训练集有 60 000 个，测试集有 10 000 个。经过处理的数据可以使得后续创建的模型产生更好的效果。

```
x_train shape: (60000, 28, 28, 1)
60000 train samples
10000 test samples
```

图 6-2　数据示例结果

3. 创建模型

接下来创建神经网络模型。神经网络模型更适合表示网格结构的数据，这也是神经网络适用于图像分类问题的重要原因。神经网络模型中的池化层用于停用一些神经元，并且在训练时，它会减少模型过拟合的情况。然后，我们将使用 Adadelta 优化器编译模型。

首先设置神经网络模型的参数，选择不同的层数与类型，从而构建一个最优模型，以便对数据进行预测。相关代码如代码清单 6-3 所示。

代码清单 6-3　创建模型

```
batch_size = 128
num_classes = 10
epochs = 10
model = Sequential()
model.add(Conv2D(32,kernel_size=(3,3),activation='relu',input_shape=input_shape))
model.add(Conv2D(64, (3, 3), activation='relu'))
model.add(MaxPooling2D(pool_size=(2, 2)))
model.add(Dropout(0.25))
model.add(Flatten())
model.add(Dense(256, activation='relu'))
model.add(Dropout(0.5))
model.add(Dense(num_classes, activation='softmax'))
model.compile(loss=keras.losses.categorical_crossentropy,
optimizer=keras.optimizers.Adadelta(),metrics=['accuracy'])
```

4. 训练模型

Keras 库的 model.fit()函数能够启动模型的训练。它采用了训练数据、验证数据、纪元数和批处理大小的方法。训练模型需要一些时间。训练完成后，我们将权重和模型保存在 mnist.h5 文件中。相关代码如代码清单 6-4 所示。

代码清单 6-4　训练模型

```
Hist=model.fit(x_train,y_train,batch_size=batch_size,epochs=epochs,verbose=1,valid
ation_data=(x_test,y_test))
print("The model has successfully trained")
model.save('mnist.h5')
print("Saving the model as mnist.h5")
```

模型拟合结果如图 6-3 所示。

```
Epoch 1/10
469/469 [==============================] - 34s 71ms/step - loss: 2.2757 - accuracy: 0.1587 - val_loss: 2.2316 - val_accu
Epoch 2/10
469/469 [==============================] - 34s 73ms/step - loss: 2.2008 - accuracy: 0.3074 - val_loss: 2.1389 - val_accu
Epoch 3/10
469/469 [==============================] - 35s 75ms/step - loss: 2.1006 - accuracy: 0.4438 - val_loss: 2.0092 - val_accu
Epoch 4/10
469/469 [==============================] - 36s 76ms/step - loss: 1.9609 - accuracy: 0.5325 - val_loss: 1.8262 - val_accu
Epoch 5/10
469/469 [==============================] - 35s 75ms/step - loss: 1.7669 - accuracy: 0.6029 - val_loss: 1.5835 - val_accu
Epoch 6/10
469/469 [==============================] - 35s 75ms/step - loss: 1.5363 - accuracy: 0.6443 - val_loss: 1.3136 - val_accu
Epoch 7/10
469/469 [==============================] - 35s 76ms/step - loss: 1.3078 - accuracy: 0.6789 - val_loss: 1.0712 - val_accu
Epoch 8/10
469/469 [==============================] - 36s 76ms/step - loss: 1.1237 - accuracy: 0.7040 - val_loss: 0.8883 - val_accu
Epoch 9/10
469/469 [==============================] - 35s 75ms/step - loss: 0.9885 - accuracy: 0.7246 - val_loss: 0.7604 - val_accu
```

图 6-3　模型拟合结果

5. 评估模型

测试集中的 10 000 张图像用于评估神经网络模型的工作情况。测试集的数据不参与数据的训练，因此，对于我们的模型来说，它们是全新的数据。

我们可以利用 evaluate()函数进行评估，通过损失函数与准确率来判断模型效果。相关代码如代码清单 6-5 所示。

代码清单 6-5　评估模型

```
score = model.evaluate(x_test, y_test, verbose=0)
print('Test loss:', score[0])
print('Test accuracy:', score[1])
```

模型评估结果如图 6-4 所示。

```
Test loss: 0.6542110443115234
Test accuracy: 0.8435999751091003
```

图 6-4　模型评估结果

6. 创建 GUI 来预测数字

Tkinter 库是 Python 标准库的一部分。我们可以利用 Tkinter 库创建图形界面交互式窗口并设置函数进行图像输入，再利用我们构建的模型预测结果，最终实现手写数字识别。

我们首先创建一个函数 predict_digit()，它将图像作为输入，使用经过训练的模型来预测数字，然后创建 App 类——负责为应用程序构建 GUI。最后创建一个画布，可以在其中通过捕获鼠标事件进行绘制，并使用按钮触发 predict_digit()函数并显示预测结果。

相关代码如代码清单 6-6 所示。

代码清单 6-6　创建 GUI 来预测数字

```
from keras.models import load_model
from tkinter import *
import tkinter as tk
import win32gui
from PIL import ImageGrab, Image
import numpy as np

model = load_model('mnist.h5')

def predict_digit(img):
    #调整图像大小为 28 像素×28 像素
    img = img.resize((28,28))
    #将 RGB 值转换为灰度值
    img = img.convert('L')
    img = np.array(img)
    #重塑图像以支持我们的模型输入和规范化
    img = img.reshape(1,28,28,1)
    img = img/255.0
    #预测的类
    res = model.predict([img])[0]
    return np.argmax(res), max(res)

class App(tk.Tk):
    def __init__(self):
        tk.Tk.__init__(self)

        self.x = self.y = 0

        #创建元素
        self.canvas = tk.Canvas(self, width=300, height=300, bg = "white",
cursor="cross")
        self.label = tk.Label(self, text="Thinking..", font=("Helvetica", 48))
        self.classify_btn = tk.Button(self, text = "Recognise", command =
self.classify_handwriting)
        self.button_clear = tk.Button(self, text = "Clear", command = self.clear_all)

        #网格结构
        self.canvas.grid(row=0, column=0, pady=2, sticky=W, )
        self.label.grid(row=0, column=1,pady=2, padx=2)
        self.classify_btn.grid(row=1, column=1, pady=2, padx=2)
        self.button_clear.grid(row=1, column=0, pady=2)

        #self.canvas.bind("<Motion>", self.start_pos)
```

```
        self.canvas.bind("<B1-Motion>", self.draw_lines)

    def clear_all(self):
        self.canvas.delete("all")

    def classify_handwriting(self):
        HWND = self.canvas.winfo_id() #获取画布的手柄
        rect = win32gui.GetWindowRect(HWND) #获取画布的坐标
        im = ImageGrab.grab(rect)

        digit, acc = predict_digit(im)
        self.label.configure(text= str(digit)+', '+ str(int(acc*100))+'%')

    def draw_lines(self, event):
        self.x = event.x
        self.y = event.y
        r=8
        self.canvas.create_oval(self.x-r, self.y-r, self.x + r, self.y + r,
fill='black')

app = App()
mainloop()
```

首先我们在画布中手写 0 和 2 两个数字。然后通过图形界面交互式窗口输入，利用模型预测。预测结果如图 6-5 所示。

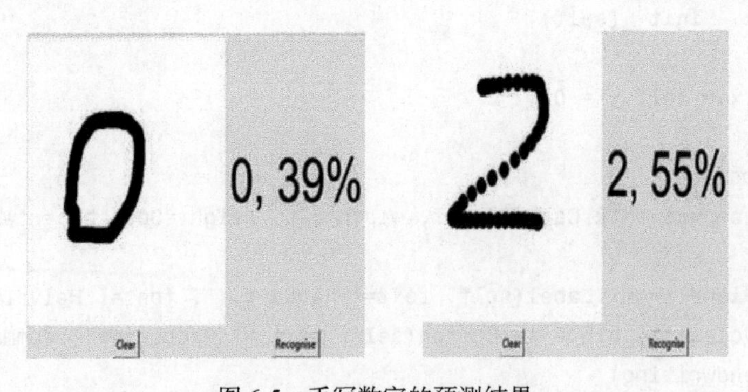

图 6-5　手写数字的预测结果

任务 2　学习泰坦尼克号生存计划

【任务描述】

泰坦尼克号的沉没是历史上著名的沉船事件之一。由于船上没有足够的救生艇供每个人使用，因此共导致2224名乘客和船员中的1500余人死亡。

在本任务中，我们将通过统计乘客数据（包括年龄、性别、社会经济阶层（Pclass）等）探索什么样的人更容易幸存。我们将利用已有的数据集，通过建立模型来探索结果。

【任务目标】

- 数据集的获取与处理。
- 模型的建立与评估。
- 模型的预测。

【任务实施】

1. 导入相关包和模块

导入泰坦尼克号数据集（Titanic）和机器学习算法包。我们可以在Kaggle网站上下载相关数据集。

导入所需要的第三方库，以便后续导入数据与创建模型。相关代码如代码清单6-7所示。

代码清单6-7　导入相关包和模块

```
import numpy as np
import pandas as pd
#导入Python机器学习算法包scikit-learn(简称sklearn)
from sklearn.linear_model import LogisticRegression
from sklearn import metrics
import matplotlib.pyplot as plt
%matplotlib inline
from IPython.core.interactiveshell import InteractiveShell
InteractiveShell.ast_node_interactivity = "all"
#忽略报警提示
import warnings
warnings.filterwarnings("ignore")
```

2. 数据理解和探索

接下来读取泰坦尼克号的相关数据。首先探索数据的基本结构与信息，观察数据之间的相关性，然后使用可视化方法对数据进行可视化分析，以便直观地观察幸存者的特征相关性，最终获取有用信息。

我们首先读取数据并查看数据的特征。相关代码如代码清单6-8所示。

代码清单 6-8 数据理解和探索

```
#读取训练数据
data = pd.read_csv("train1.csv")
#查看数据结构信息
data.info()
#查看前 5 条数据
data.head()
```

我们可以得到各个数据特征的类型和信息，例如相关编号的人员是否幸存：0 代表死亡，1 代表存活等。数据结构如图 6-6 所示。

```
<class 'pandas.core.frame.DataFrame'>
RangeIndex: 891 entries, 0 to 890
Data columns (total 12 columns):
 #   Column       Non-Null Count  Dtype
---  ------       --------------  -----
 0   PassengerId  891 non-null    int64
 1   Survived     891 non-null    int64
 2   Pclass       891 non-null    int64
 3   Name         891 non-null    object
 4   Sex          891 non-null    object
 5   Age          714 non-null    float64
 6   SibSp        891 non-null    int64
 7   Parch        891 non-null    int64
 8   Ticket       891 non-null    object
 9   Fare         891 non-null    float64
 10  Cabin        204 non-null    object
 11  Embarked     889 non-null    object
dtypes: float64(2), int64(5), object(5)
memory usage: 83.7+ KB
```

Out[6]:

	PassengerId	Survived	Pclass	Name	Sex	Age	SibSp	Parch	Ticket	Fare	Cabin	Embarked
0	1	0	3	Braund, Mr. Owen Harris	male	22.0	1	0	A/5 21171	7.2500	NaN	S
1	2	1	1	Cumings, Mrs. John Bradley (Florence Briggs Th...	female	38.0	1	0	PC 17599	71.2833	C85	C
2	3	1	3	Heikkinen, Miss. Laina	female	26.0	0	0	STON/O2. 3101282	7.9250	NaN	S
3	4	1	1	Futrelle, Mrs. Jacques Heath (Lily May Peel)	female	35.0	1	0	113803	53.1000	C123	S
4	5	0	3	Allen, Mr. William Henry	male	35.0	0	0	373450	8.0500	NaN	S

图 6-6 数据结构

接下来对年龄特征进行分析。首先获取年龄信息，将该特征与是否幸存进行相关性分析，最后进行可视化分析。相关代码如下。

```
#用柱状图显示（年龄字段）。平均分成 50 份
import pandas as pd
import numpy as np
import matplotlib.pyplot as plt
import seaborn as sns
from sklearn.metrics import accuracy_score
from sklearn.metrics import classification_report
data['Age'].describe()
f,ax = plt.subplots(1,2,figsize=(10,5))
sns.histplot(x = 'Age', data=data, ax=ax[0])
sns.histplot(x = 'Age', hue='Survived', data=data, ax=ax[1])
```

根据上述代码，我们可以得出年龄的均值等有关信息，然后使用柱状图对年龄进行可视化并对不同年龄的幸存者进行可视化分析，以便找出相关性。年龄统计结果如图 6-7 所示。

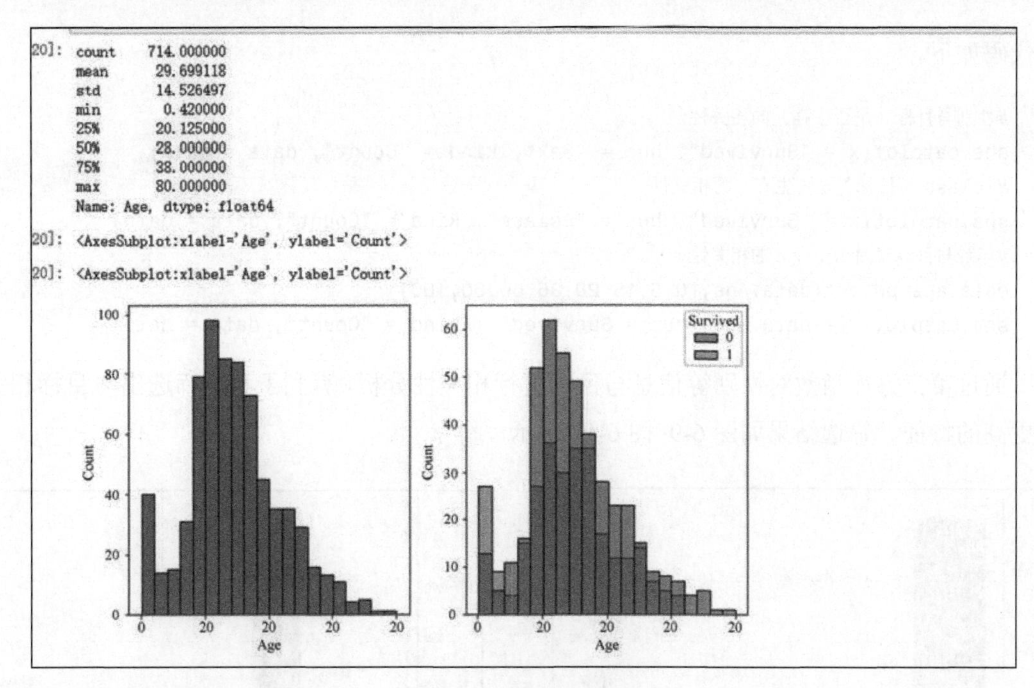

图 6-7　年龄统计结果

我们再对性别进行数据分析，分别统计男女数量。相关代码如下。

```
#性别分布（统计男女性别数量）
sns.catplot(x = "Sex", kind = "Count", data = data)
```

得出的性别分布与统计结果如图 6-8 所示。

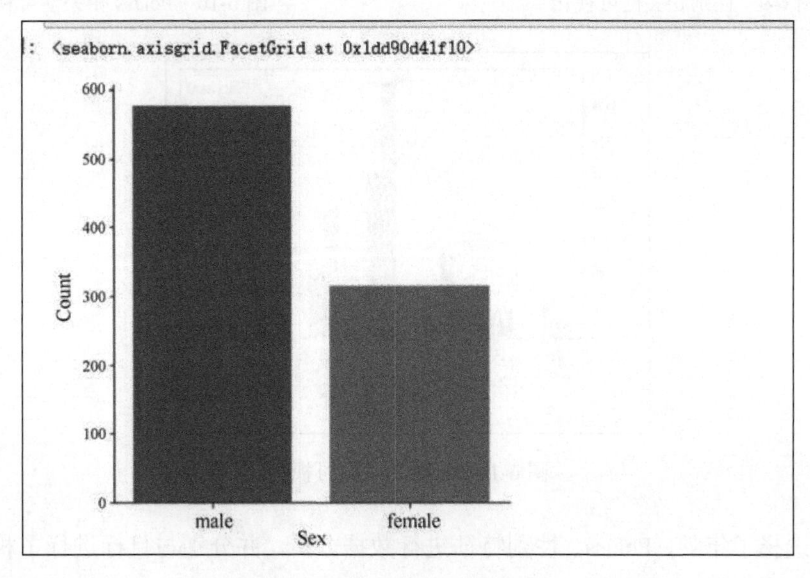

图 6-8　性别分布与统计结果

再将性别、Pclass、年龄分别与是否生存进行相关性分析，获得更直观的数据结果。相关代码如下。

```
#性别与目标（是否生存）的相关性
sns.catplot(x = "Survived", hue = "Sex", kind = "Count", data = data)
#Pclass 与目标（是否生存）的相关性
sns.catplot(x = "Survived", hue = "Pclass", kind = "Count", data = data)
#年龄与目标（是否生存）的相关性
data.age=pd.cut(data.Age,[0,5,15,20,35,50,60,100])
sns.catplot(x = data.age, hue ="Survived" , kind = "Count", data = data)
```

通过第三方库函数对性别等信息与目标进行相关性分析，有利于我们筛选出与目标相关性更高的特征。筛选结果如图 6-9~图 6-11 所示。

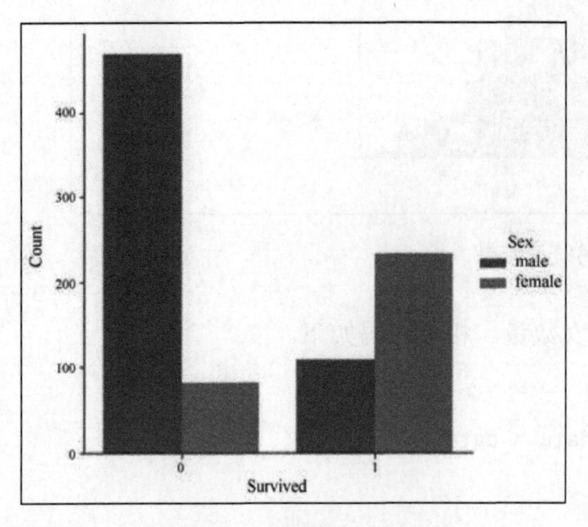

图 6-9　性别相关性可视化

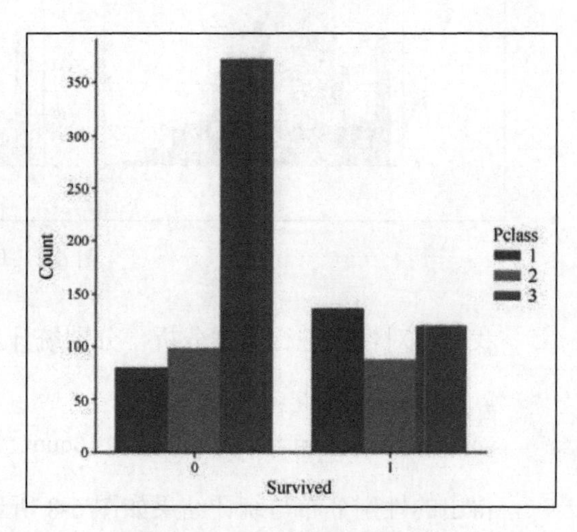

图 6-10　Pclass 相关性可视化

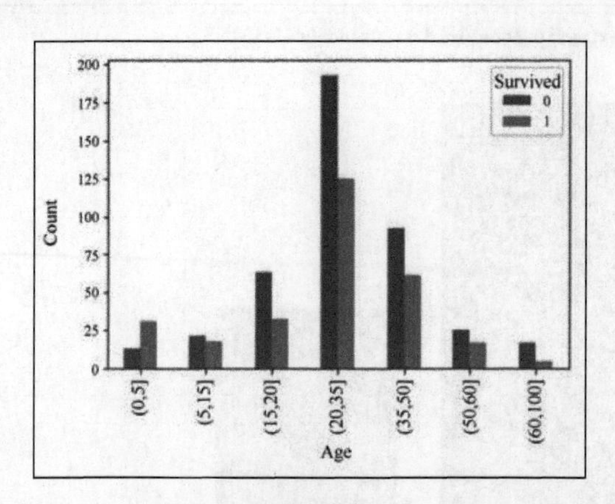

图 6-11　年龄相关性可视化

我们只选择了年龄、Pclass、性别特征进行数据分析，并分别与目标进行了相关性分析。我们可以将所有特征进行上述操作，最终筛选出相关性较高的几个重要特征，便于后续模型的创建与拟合。

3. 数据准备

将分析后的数据进行整理，并选择相关性较高的数据特征进行处理与整合，使得在创建模型时达到最优，将误差降到最小。相关代码如代码清单 6-9 所示。

代码清单 6-9　数据准备

```
#将 Pclass、Sex、Age、SibSp、Parch、Fare 6 个变量作为预测变量（特征）
train=data[['Survived','Pclass','Sex','Age','SibSp','Parch','Fare']]
#把 Sex 变量的取值 male 替换为 1，female 替换为 0
train['Sex']=train['Sex'].replace({'male':1,'female':0})
age_mean=train['Age'].mean()        #有 117 名乘客的 Age 数据有缺失，用平均年龄替换
train['Age']=train['Age'].fillna(age_mean)
train.head(10)                      #查看准备好的数据集
train.describe()
```

我们借助编程的方式来整合处理数据，可以使得数据更加简洁。数据处理结果如图 6-12 所示。

	Survived	Pclass	Sex	Age	SibSp	Parch	Fare
0	0	3	1	22.000000	1	0	7.2500
1	1	1	0	38.000000	1	0	71.2833
2	1	3	0	26.000000	0	0	7.9250
3	1	1	0	35.000000	1	0	53.1000
4	0	3	1	35.000000	0	0	8.0500
5	0	3	1	29.699118	0	0	8.4583
6	0	1	1	54.000000	0	0	51.8625
7	0	3	1	2.000000	3	1	21.0750
8	1	3	0	27.000000	0	2	11.1333
9	1	2	0	14.000000	1	0	30.0708

[21]:

	Survived	Pclass	Sex	Age	SibSp	Parch	Fare
count	891.000000	891.000000	891.000000	891.000000	891.000000	891.000000	891.000000
mean	0.383838	2.308642	0.647587	29.699118	0.523008	0.381594	32.204208
std	0.486592	0.836071	0.477990	13.002015	1.102743	0.806057	49.693429
min	0.000000	1.000000	0.000000	0.420000	0.000000	0.000000	0.000000
25%	0.000000	2.000000	0.000000	22.000000	0.000000	0.000000	7.910400
50%	0.000000	3.000000	1.000000	29.699118	0.000000	0.000000	14.454200
75%	1.000000	3.000000	1.000000	35.000000	1.000000	0.000000	31.000000
max	1.000000	3.000000	1.000000	80.000000	8.000000	6.000000	512.329200

图 6-12　数据处理结果

4. 构建模型

拆分自变量和目标变量有利于构建与训练模型。使用逻辑斯谛回归算法进行训练能够使得模型更加准确。最后可以通过查看模型的系数来判断模型的效果。

首先将数据划分成训练集与测试集，并使用逻辑斯谛回归算法训练模型并拟合，最终使

用表的形式展现模型的结果。相关代码如代码清单 6-10 所示。

代码清单 6-10　构建模型

```
#拆分出自变量X，目标变量y
train_X=train.iloc[:,1:]          #训练集自变量
train_y=train['Survived']         #训练集目标变量
#使用逻辑斯谛回归算法训练模型
lr=LogisticRegression()           #使用默认参数
lr.fit(train_X,train_y)           #训练
lr.coef_                          #查看lr模型的系数（X变量系数）
train_X.columns                   #X变量参数
pd.DataFrame(list(zip(np.transpose(lr.coef_),train_X.columns)),columns=['coef',
'columns'])
```

我们可以得到逻辑斯谛回归算法中不同数据特征对目标的相关性系数。处理结果如图 6-13 所示。

```
LogisticRegression()
array([[-1.04837958, -2.65206215, -0.03880697, -0.33866316, -0.10105975,
         0.00301751]])
Index(['Pclass', 'Sex', 'Age', 'SibSp', 'Parch', 'Fare'], dtype='object')
```

	coef	columns
0	[-1.0483795811015157]	Pclass
1	[-2.6520621478496866]	Sex
2	[-0.03880696691228674]	Age
3	[-0.3386631581814357]	SibSp
4	[-0.1010597453605467]	Parch
5	[0.0030175134927921624]	Fare

图 6-13　处理结果

5. 模型评估

我们首先利用逻辑斯谛回归模型对训练集进行预测，预测输出是否幸存，再使用模型对测试集进行预测，得出是否幸存，通过与真实值进行对比分析，得出概率，从而进行模型评估，以判断模型的效果。相关代码如代码清单 6-11 所示。

代码清单 6-11　模型评估

```
train_y_pred=lr.predict(train_X)                #对训练集进行预测，输出标签
train_y_pred_prob=lr.predict_proba(train_X)     #对训练集进行预测
train_y_pred                                    #输出概率
train_y_pred_prob                               #查看预测概率
#误分类矩阵
cnf_matrix=metrics.confusion_matrix(train_y,train_y_pred)
cnf_matrix
```

```
#准确率
precision=metrics.accuracy_score(train_y,train_y_pred)
precision
```

输出预测值后，将其与真实值进行对比分析得出概率，再利用误分类矩阵判断结果的准确率。输出结果如图 6-14 所示。

```
        0, 0, 0, 1, 1, 0, 1, 0, 0, 0, 0, 1, 0, 1, 0, 1, 1, 0, 0, 0, 0, 0,
        0, 0, 0, 0, 0, 0, 0, 0, 0, 1, 1, 0, 0, 0, 0, 0, 0, 1, 0, 1, 1, 1,
        0, 0, 0, 0, 0, 0, 0, 1, 0, 1, 0, 0, 0, 0, 0, 1, 0, 0, 1, 0, 1, 0,
        0, 0, 1, 0, 1, 0, 1, 0, 0, 0, 0, 0, 1, 1, 0, 0, 1, 0, 0, 0, 0, 0,
        1, 1, 0, 1, 1, 0, 0, 0, 0, 0, 0, 1, 0, 0, 1, 0, 1, 0, 0, 0, 0, 1,
        1, 0, 1, 0, 0, 0, 1, 0, 0, 0, 0, 1, 0, 0, 0, 1, 0, 1, 1, 1, 0, 0,
        0, 0, 1, 0, 1, 0, 0, 1, 0, 1, 1, 1, 1, 0, 0, 0, 1, 0, 0, 0, 0, 0,
        0, 1, 0, 0, 1, 1, 0, 1, 0, 1, 1, 0, 0, 0, 0, 1, 0, 1, 0, 0, 0, 0,
        0, 0, 1, 0, 0, 0, 1, 0, 0, 1, 0, 0, 0, 0, 0, 1, 1, 0, 0, 0, 0, 1,
        0, 0, 0, 1, 0, 0, 1, 0, 0, 0, 0, 0, 0, 1, 0, 0, 1, 1, 1, 1, 1, 0,
        1, 0, 0, 0, 1, 0, 0, 1, 1, 1, 0, 0, 0, 1, 0, 0, 1, 1, 0, 0, 0, 1,
        1, 0, 1, 0, 0, 0, 0, 1, 1, 1, 0], dtype=int64)

array([[0.89985227, 0.10014773],
       [0.10663847, 0.89336153],
       [0.34480586, 0.65519414],
       ...,
       [0.49888431, 0.50111569],
       [0.46176015, 0.53823985],
       [0.90408682, 0.09591318]])

array([[469,  80],
       [100, 242]], dtype=int64)

0.797979797979798
```

图 6-14　输出结果

接下来我们将可视化误分类矩阵。代码如下。

```
#更直观地展现误分类矩阵
def show_confusion_matrix(cnf_matrix,class_labels):
    plt.matshow(cnf_matrix,cmap=plt.cm.YlGn,alpha=0.7)
    ax=plt.gca()
    ax.set_xlabel('Predicted Label',fontsize=16)
    ax.set_xticks(range(0,len(class_labels)))
    ax.set_xticklabels(class_labels,rotation=45)
    ax.set_ylabel('Actual Label',fontsize=16,rotation=90)
    ax.set_yticks(range(0,len(class_labels)))
    ax.set_yticklabels(class_labels)
    ax.xaxis.set_label_position('top')
    ax.xaxis.tick_top()

    for row in range(len(cnf_matrix)):
        for col in range(len(cnf_matrix[row])):

ax.text(col,row,cnf_matrix[row][col],va='center',ha='center',fontsize=16)
class_labels=[0,1]
show_confusion_matrix(cnf_matrix,class_labels)
```

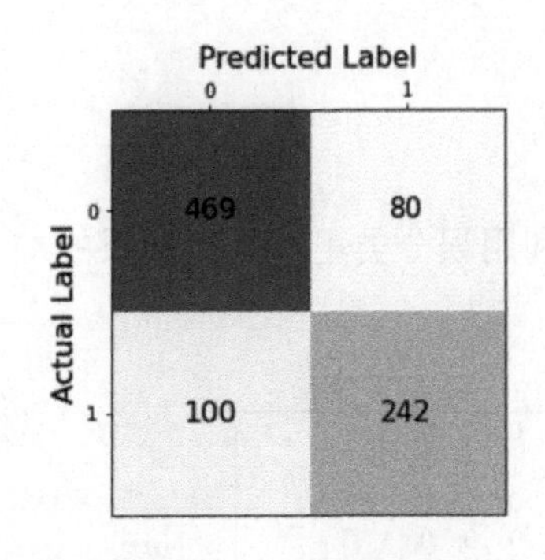

图 6-15　可视化结果

将误分类矩阵进行可视化有利于更好地理解预测值与真实值的结果。可视化结果如图 6-15 所示。

6. 预测新数据

导入 test.csv 数据集对数据进行预处理，并填补空缺值。例如数据集中 Fare（船票价格）出现空值，则使用训练集的平均值进行替换。最后利用前面所构建的逻辑斯谛回归模型进行预测并查看效果。相关代码如代码清单 6-12 所示。

代码清单 6-12　预测新数据

```
#测试数据准备，与训练集数据的准备过程完全一致
test_src=pd.read_csv('test1.csv')
test=test_src[['PassengerId','Pclass','Sex','Age','SibSp','Parch','Fare']]
test['Sex']=test['Sex'].replace({'male':1,'female':0})
test['Age']=test['Age'].fillna(age_mean)
#Fare（船票价格）在测试集中出现空值，用训练集的平均值进行替换
test['Fare']=test['Fare'].fillna(train['Fare'].mean())
test.head()                              #查看测试数据
```

对数据进行预处理，填补空缺值，得出完整的数据，以便进行模型预测。测试数据如图 6-16 所示。

]:

	PassengerId	Pclass	Sex	Age	SibSp	Parch	Fare
0	892	3	1	34.5	0	0	7.8292
1	893	3	0	47.0	1	0	7.0000
2	894	2	1	62.0	0	0	9.6875
3	895	3	1	27.0	0	0	8.6625
4	896	3	0	22.0	1	1	12.2875

图 6-16　测试数据

接下来对测试集进行预测。代码如下。

```
#对测试数据预测
test_X=test.iloc[:,1:]
test_y_pred=lr.predict(test_X)    #对测试集进行预测
test_pred=pd.DataFrame({'PassengerId':test['PassengerId'],'Survived':test_y_pred.a
stype(int)})
test_pred.to_csv('test_pred.csv',index=False)
test_pred.head()                         #查看预测结果
```

首先利用模型进行预测，然后得出结果。据此可以得出测试集中的人是否幸存。通过将该数据与测试集中对应的真实值进行比较，可以判断预测结果是否准确。预测结果如图 6-17 所示。

	PassengerId	Survived
0	892	0
1	893	0
2	894	0
3	895	0
4	896	1

图 6-17　预测结果

任务 3　进行房价预测

【任务描述】

本任务将使用埃姆斯住宅房屋数据集（Ames Iowa Housing Data）进行房价预测。该数据集包含 79 个方面的房屋特征，这些特征来自购房者对梦想中房屋的描述。本任务通过建立模型来预测房屋的最终价格并得出影响购房的关键因素。

【任务目标】

- 学会对数据进行预处理。
- 学会构造最优模型并对房价数据进行预测。
- 了解随机森林算法并学会使用该算法分析数据。

【任务实施】

1. 数据准备

首先通过 Kaggle 网站下载 Ames Iowa Housing Data 的相关数据集，查看并合并数据。

然后导入第三方库与数据集，观察数据结构与特征，获取有关信息。相关代码如代码清单 6-13 所示。

代码清单 6-13　数据准备

```
import pandas as pd
import numpy as np
import seaborn as sns
import matplotlib
from scipy.stats import norm
from scipy import stats
import matplotlib.pyplot as plt
%matplotlib inline
from scipy.stats import skew
from scipy.stats.stats import pearsonr
from IPython.core.interactiveshell import InteractiveShell
```

```
InteractiveShell.ast_node_interactivity = "all"

#导入数据
train = pd.read_csv("train.csv")
test = pd.read_csv("test.csv")
train.head()
```

导入完成后，观察前 5 条数据的特征，这样做有利于后续数据的处理与分析。数据信息示例如图 6-18 所示。

[44]:

	Id	MSSubClass	MSZoning	LotFrontage	LotArea	Street	Alley	LotShape	LandContour	Utilities	...	PoolArea	PoolQC	Fence	MiscFeature	MiscVal	MoS
0	1	60	RL	65.0	8450	Pave	NaN	Reg	Lvl	AllPub	...	0	NaN	NaN	NaN	0	
1	2	20	RL	80.0	9600	Pave	NaN	Reg	Lvl	AllPub	...	0	NaN	NaN	NaN	0	
2	3	60	RL	68.0	11250	Pave	NaN	IR1	Lvl	AllPub	...	0	NaN	NaN	NaN	0	
3	4	70	RL	60.0	9550	Pave	NaN	IR1	Lvl	AllPub	...	0	NaN	NaN	NaN	0	
4	5	60	RL	84.0	14260	Pave	NaN	IR1	Lvl	AllPub	...	0	NaN	NaN	NaN	0	

5 rows × 81 columns

图 6-18 数据信息示例

接下来查看数据。代码如下。

```
#查看数据
train.info()
train['SalePrice'].describe()
sns.distplot(train['SalePrice'],fit=norm)
```

运行上述代码后可以得出不同数据特征的类型与大小，以便整合与处理数据。同时将房价进行可视化分析。数据的特征及可视化结果如图 6-19 和图 6-20 所示。

```
 #   Column        Non-Null Count  Dtype
---  ------        --------------  -----
 0   Id            1460 non-null   int64
 1   MSSubClass    1460 non-null   int64
 2   MSZoning      1460 non-null   object
 3   LotFrontage   1201 non-null   float64
 4   LotArea       1460 non-null   int64
 5   Street        1460 non-null   object
 6   Alley         91 non-null     object
 7   LotShape      1460 non-null   object
 8   LandContour   1460 non-null   object
 9   Utilities     1460 non-null   object
 10  LotConfig     1460 non-null   object
 11  LandSlope     1460 non-null   object
 12  Neighborhood  1460 non-null   object
 13  Condition1    1460 non-null   object
 14  Condition2    1460 non-null   object
 15  BldgType      1460 non-null   object
 16  HouseStyle    1460 non-null   object
```

图 6-19 数据的特征

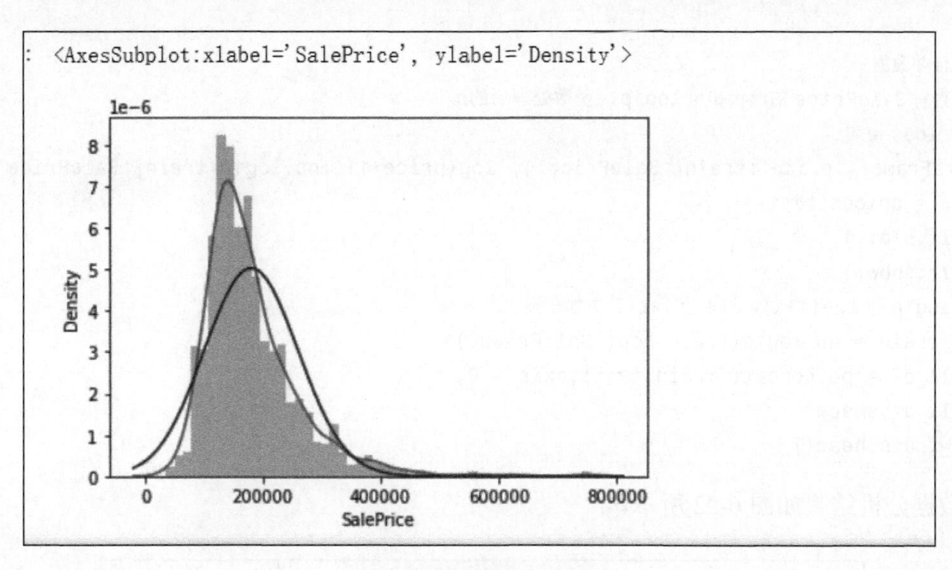

图 6-20　数据可视化结果

通过绘制数据的 Q-Q 图可以看出房价是否符合正态分布，而且有利于后续对数据的处理与模型的构建。代码如下。

```
#利用 Q-Q 图判断数据是否偏离正态分布
stats.probplot(train['SalePrice'],plot=plt)
```

Q-Q 图如图 6-21 所示。

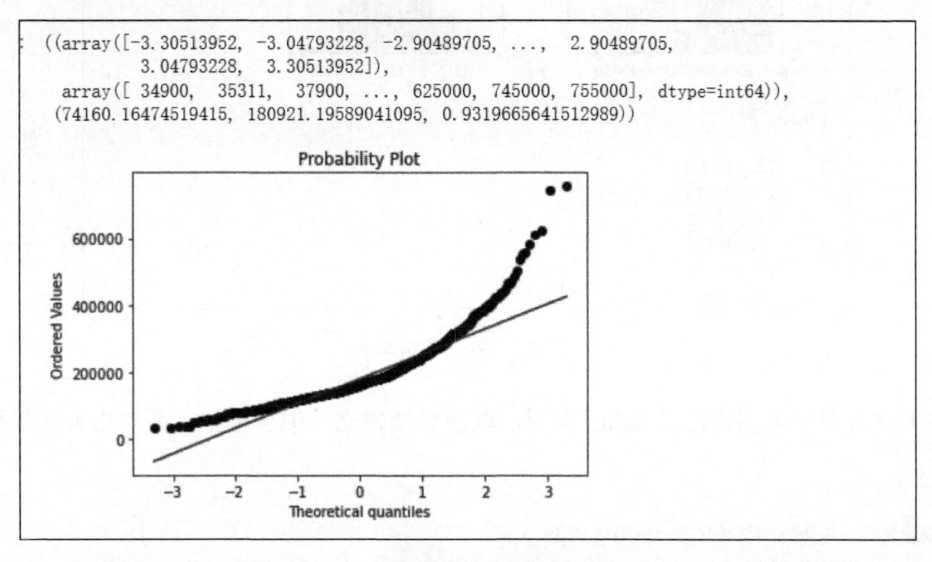

图 6-21　Q-Q 图

然后我们需要将数据进行合并，并对价格进行可视化分析。同时通过 log1p()函数进行处理，让数据更加平滑。最后绘制柱状图进行对比，使得数据更有利于计算与模型拟合。代码如下。

```
#合并数据
#查看 SalePrice 的形状和用 log1p()函数处理后的形状
prices = 
pd.DataFrame({'price':train['SalePrice'],'log(price+1)':np.log1p(train['SalePrice'])})
ps = prices.hist()
plt.plot()
plt.show()
#log1p 即 log(1+x)，可以让 label 更加平滑
y_train = np.log1p(train.pop('SalePrice'))
all_df = pd.concat((train,test),axis = 0)
all_df.shape
y_train.head()
```

数据分析结果如图 6-22 所示。

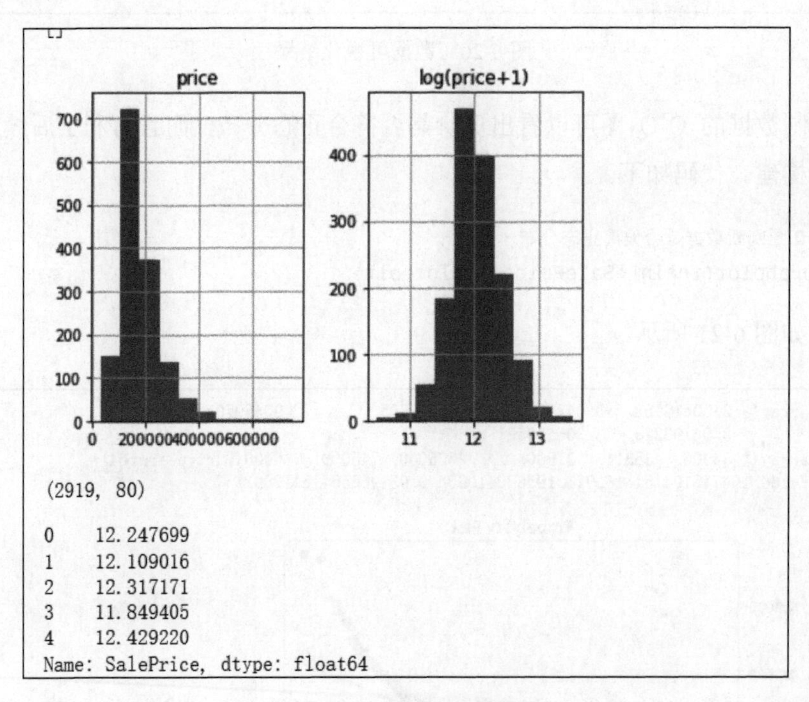

图 6-22　数据分析结果

接下来将数据类型转化成 string 类型，以便后续建立与拟合模型，并找出最优模型。代码如下。

```
#变量转化，将数据类型转化为 string 类型
all_df['MSSubClass'].dtypes
all_df['MSSubClass'] = all_df['MSSubClass'].astype(str)
all_df['MSSubClass'].dtypes
all_df['MSSubClass'].value_counts()
```

数据类型转换结果如图 6-23 所示。

```
dtype('int64')

dtype('O')

20     1079
60      575
50      287
120     182
30      139
70      128
160     128
80      118
90      109
190      61
85       48
75       23
45       18
180      17
40        6
150       1
Name: MSSubClass, dtype: int64
```

图 6-23　数据类型转换结果

在完成数据转换后，我们需要再次将数据进行整理与合并，获得完整且规矩的数据，以便进行分析，同时利用表的形式进行展现。代码如下。

```
pd.get_dummies(all_df['MSSubClass'],prefix = 'MSSubClass').head()
all_dummy_df = pd.get_dummies(all_df)
all_dummy_df.head()
```

运行上述代码后可以得到数据信息，如图 6-24 所示。

	MSSubClass_120	MSSubClass_150	MSSubClass_160	MSSubClass_180	MSSubClass_190	MSSubClass_20	MSSubClass_30	MSSubClass_40	MSSubClass_45
0	0	0	0	0	0	0	0	0	0
1	0	0	0	0	0	1	0	0	0
2	0	0	0	0	0	0	0	0	0
3	0	0	0	0	0	0	0	0	0
4	0	0	0	0	0	0	0	0	0

	LotFrontage	LotArea	OverallQual	OverallCond	YearBuilt	YearRemodAdd	MasVnrArea	BsmtFinSF1	BsmtFinSF2	BsmtUnfSF	...	SaleType_ConLw	SaleTyp
0	65.0	8450	7	5	2003	2003	196.0	706.0	0.0	150.0	...	0	
1	80.0	9600	6	8	1976	1976	0.0	978.0	0.0	284.0	...	0	
2	68.0	11250	7	5	2001	2002	162.0	486.0	0.0	434.0	...	0	
3	60.0	9550	7	5	1915	1970	0.0	216.0	0.0	540.0	...	0	
4	84.0	14260	8	5	2000	2000	350.0	655.0	0.0	490.0	...	0	

5 rows × 304 columns

图 6-24　数据信息

2. 数据预处理

在数据预处理部分，我们需要处理缺失值与重复值，删除无用列并清洗，使得数据更加完整。同时利用标准化函数对数据进行预处理，使得数据的鲁棒性更好。相关代码如代码清单 6-14 所示。

代码清单 6-14　数据预处理

```
#删除 data_df 中的 Id 特征（保持数据仍在 data_df 中，不更改变量名）
train.drop('Id',axis=1,inplace=True)
```

```
    all_dummy_df.isnull().sum().sort_values(ascending = False).head(11)
    #用 mean()函数填充
    mean_cols = all_dummy_df.mean()
    mean_cols.head(10)
    all_dummy_df = all_dummy_df.fillna(mean_cols)
    all_dummy_df.isnull().sum().sum()
    #将数据标准化
    numeric_cols = all_df.columns[all_df.dtypes != 'object']
    numeric_cols
    numeric_col_means = all_dummy_df.loc[:,numeric_cols].mean()
    numeric_col_std = all_dummy_df.loc[:,numeric_cols].std()
    all_dummy_df.loc[:,numeric_cols] = (all_dummy_df.loc[:,numeric_cols] -
numeric_col_means) / numeric_col_std
```

对数据进行标准化处理，可以使得数据更加规整。数据处理结果如图 6-25 和图 6-26 所示。

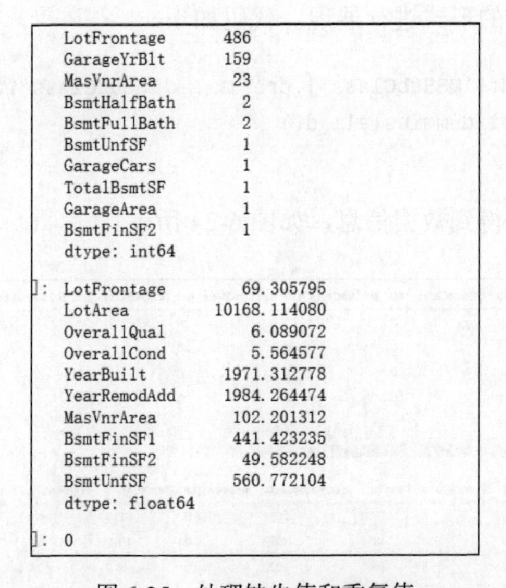

```
LotFrontage     486
GarageYrBlt     159
MasVnrArea       23
BsmtHalfBath      2
BsmtFullBath      2
BsmtUnfSF         1
GarageCars        1
TotalBsmtSF       1
GarageArea        1
BsmtFinSF2        1
dtype: int64

]: LotFrontage        69.305795
LotArea         10168.114080
OverallQual         6.089072
OverallCond         5.564577
YearBuilt        1971.312778
YearRemodAdd     1984.264474
MasVnrArea        102.201312
BsmtFinSF1        441.423235
BsmtFinSF2         49.582248
BsmtUnfSF         560.772104
dtype: float64

]: 0
```

图 6-25　处理缺失值和重复值

```
Index(['LotFrontage', 'LotArea', 'OverallQual', 'OverallCond', 'YearBuilt',
       'YearRemodAdd', 'MasVnrArea', 'BsmtFinSF1', 'BsmtFinSF2', 'BsmtUnfSF',
       'TotalBsmtSF', '1stFlrSF', '2ndFlrSF', 'LowQualFinSF', 'GrLivArea',
       'BsmtFullBath', 'BsmtHalfBath', 'FullBath', 'HalfBath', 'BedroomAbvGr',
       'KitchenAbvGr', 'TotRmsAbvGrd', 'Fireplaces', 'GarageYrBlt',
       'GarageCars', 'GarageArea', 'WoodDeckSF', 'OpenPorchSF',
       'EnclosedPorch', '3SsnPorch', 'ScreenPorch', 'PoolArea', 'MiscVal',
       'MoSold', 'YrSold', 'Id'],
      dtype='object')
```

图 6-26　数据标准化

3．数据分析

接下来对数据特征进行处理并进行可视化分析。借助 corr()函数可以找出房价特征之间的关系，从而得到更准确的目标特征，以便建立模型并评估。

然后利用相关性函数对数据特征及房价进行分析，并进行可视化分析。筛选出较为重要的数据特征，减小误差，避免出现过拟合的情况。相关代码如代码清单 6-15 所示。

代码清单 6-15　数据相关性分析

```
#数据相关性分析
#DataFrame.corr()函数可以计算两个列之间的相关性。该函数用于检测特征和目标变量之间的相关性
corr = train.select_dtypes(include = [np.number]).iloc[:, 1:].corr()
corr
```

运行上述代码后可以得出不同数据特征之间的相关性系数，结果如图 6-27 所示。

	MSSubClass	LotFrontage	LotArea	OverallQual	OverallCond	YearBuilt	YearRemodAdd	MasVnrArea	BsmtFinSF1	BsmtFinSF2	...	WoodDe
MSSubClass	1.000000	-0.386347	-0.139781	0.032628	-0.059316	0.027850	0.040581	0.022936	-0.069836	-0.065649	...	-0.01
LotFrontage	-0.386347	1.000000	0.426095	0.251646	-0.059213	0.123349	0.088866	0.193458	0.233633	0.049900	...	0.08
LotArea	-0.139781	0.426095	1.000000	0.105806	-0.005636	0.014228	0.013788	0.104160	0.214103	0.111170	...	0.17
OverallQual	0.032628	0.251646	0.105806	1.000000	-0.091932	0.572323	0.550684	0.411876	0.239666	-0.059119	...	0.23
OverallCond	-0.059316	-0.059213	-0.005636	-0.091932	1.000000	-0.375983	0.073741	-0.128101	-0.046231	0.040229	...	-0.00
YearBuilt	0.027850	0.123349	0.014228	0.572323	-0.375983	1.000000	0.592855	0.315707	0.249503	-0.049107	...	0.22
YearRemodAdd	0.040581	0.088866	0.013788	0.550684	0.073741	0.592855	1.000000	0.179618	0.128451	-0.067759	...	0.20
MasVnrArea	0.022936	0.193458	0.104160	0.411876	-0.128101	0.315707	0.179618	1.000000	0.264736	-0.072319	...	0.15
BsmtFinSF1	-0.069836	0.233633	0.214103	0.239666	-0.046231	0.249503	0.128451	0.264736	1.000000	-0.050117	...	0.20

图 6-27　相关性分析

将上述结果进行可视化分析。绘制热力图，观察重要数据特征。代码如下。

```
#绘制热力图
plt.figure(figsize=(12, 12))
sns.heatmap(corr, vmax=1, square=True)
```

相关性热力图如图 6-28 所示。

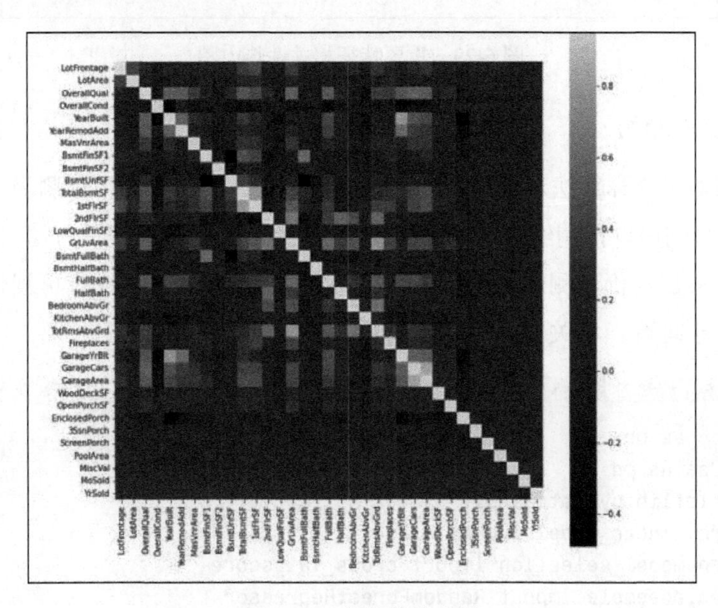

图 6-28　相关性热力图

筛选出与目标相关性最高的数据特征并分析，随后再次绘制热力图进行可视化表达。代码如下。

```
#分析与目标值相关度最高的 10 个变量
cols_10 = corrs.nlargest(10, 'SalePrice')['SalePrice'].index
corrs_10 = train[cols_10].corr()
plt.figure(figsize=(6, 6))
sns.heatmap(corrs_10, annot=True)
```

重要特征相关性热力图如图 6-29 所示。

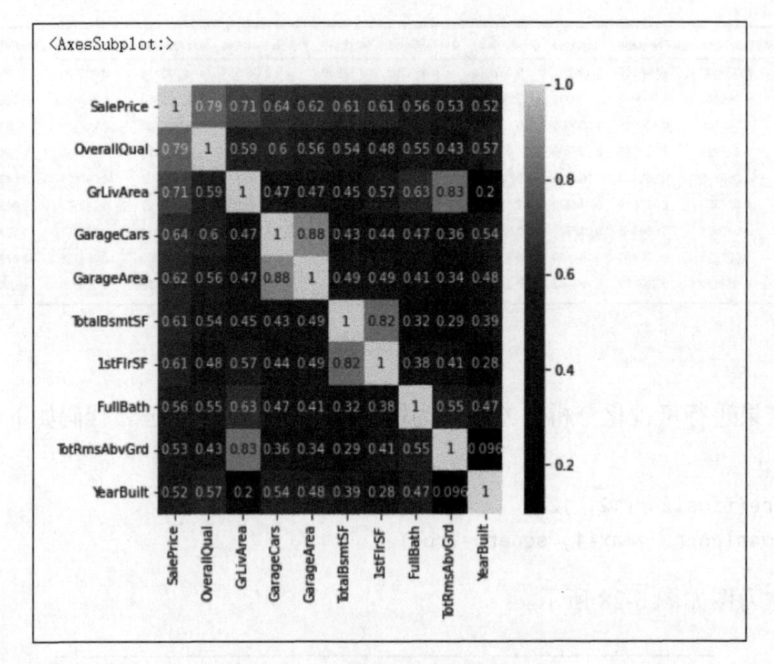

图 6-29　重要特征相关性热力图

4. 模型建立与预测

首先，利用随机森林算法对数据建立随机森林模型。其次，使用预测函数对测试集数据特征进行预测，得到房价预测结果并查看准确度。然后，使用模型评估方法对模型进行评价，找出最小误差，得出房价预测最优结果。最后，使用 Matplotlib 库进行可视化分析，使得结果更加直观且易于理解。相关代码如代码清单 6-16 所示。

代码清单 6-16　模型建立与预测

```
import numpy as np
import pandas as pd
import matplotlib.pyplot as plt
from sklearn.linear_model import Ridge
from sklearn.model_selection import cross_val_score
from sklearn.ensemble import RandomForestRegressor
#处理数据后返回训练集和测试集
```

```
dummy_train_df = all_dummy_df.loc[train.index]
dummy_test_df = all_dummy_df.loc[test.index]
dummy_train_df.shape,dummy_test_df.shape

#将 DF 数据转换成 Numpy Array 的形式，以更好地配合 sklearn
X_train = dummy_train_df.values
X_test = dummy_test_df.values
max_features = [.1,.3,.5,.7,.9,.99]
test_scores = []
for max_feat in max_features:
    clf = RandomForestRegressor(n_estimators = 200,max_features = max_feat)
    test_score = np.sqrt(-cross_val_score(clf,X_train,y_train,cv = 5,scoring =
'neg_mean_squared_error'))
test_score
    test_scores.append(np.mean(test_score))
plt.plot(max_features,test_scores)
plt.title('Max Features vs CV Error')
plt.show()
```

在得出不同参数模型下的测试集数据后，通过可视化对误差进行分析。这样操作有利于选择最优模型，提升房价预测效果。模型效果和模型误差可视化如图 6-30 和图 6-31 所示。

```
array([0.12586014, 0.15641418, 0.15216262, 0.13151175, 0.1408031 ])
array([0.12536642, 0.15256078, 0.14418977, 0.12737638, 0.14108079])
array([0.12723398, 0.15131084, 0.14347025, 0.12644417, 0.14289244])
array([0.13123241, 0.15140455, 0.14434957, 0.12684473, 0.1446926 ])
array([0.13542781, 0.15127622, 0.14561106, 0.12800672, 0.14789044])
array([0.13693113, 0.15236122, 0.14302847, 0.12839213, 0.14954037])
```

图 6-30　模型效果

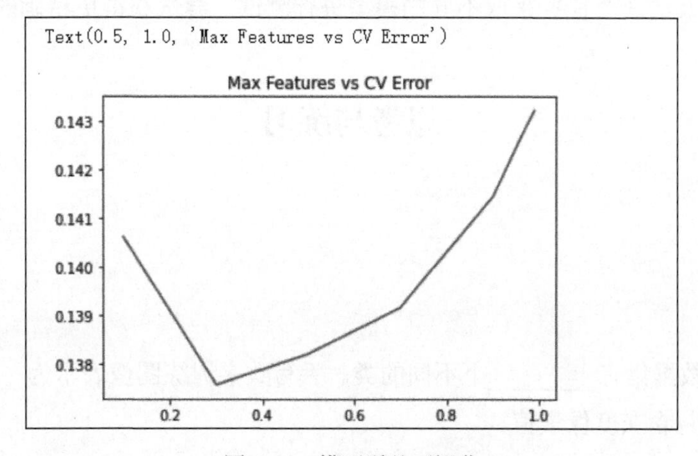

图 6-31　模型误差可视化

项目小结

在 MNIST 数字分类任务中，我们成功地在手写数字识别应用程序上构建了一个 Python 深度学习项目。同时我们还构建并训练了神经网络模型，这对于图像分类非常有效。随后，我们构建了 GUI，并在画布上绘制数字，实现了对手写数字进行分类并显示结果的功能。

在泰坦尼克号生存计划任务中，通过对泰坦尼克号数据集进行可视化分析与分类预测，我们学会了对数据集进行预处理与对空缺值进行填补的方法；通过利用 Matplotlib 库的函数对数据集进行分析，可以帮助我们对泰坦尼克号数据集了解得更加透彻与直观；通过构建分类模型，帮助我们学习了逻辑斯谛回归算法与预测函数的运用方法，加深对分类模型的了解，使我们能够更加熟练地应用分类预测。通过学习该任务，我们可以加深对可视化与分类预测知识的了解，掌握更多算法与函数应用。

通过房价预测任务，我们学习了数据的处理方法，如剔除无用列和处理缺失值与重复值的方法，使数据变得有利于进行模型构建；通过对数据进行相关性分析并对其进行可视化表达，可以直观地判断数据的重要特征，有利于数据分析。通过该任务的学习，我们可以学会使用随机森林算法对问题进行预测，使得模型更加高效，效果更加精确。

本项目通过 3 个机器学习任务，帮助我们加深对机器学习算法的理解，深刻了解学习机器学习的作用，同时也认识到未来机器学习的价值与重要性。

项目拓展

对本项目涉及的 3 个任务采取不同的模型进行测试，尝试获得更精确的结果。

思考与练习

理论题

一、填空题

1．MNIST 数据集有________个不同的类。手写数字训练图像表示为________矩阵，其中每个单元格都包含灰度像素值。

2．泰坦尼克号生存计划任务使用________算法进行训练，可以使得模型更加准确，需要通过查看模型的________来判断模型构建的效果。

3．在房价预测任务中，我们需要对缺失值和重复值进行________，同时学习使用________算法对问题进行预测，使得模型更加高效，效果更加精确。

二、判断题

判断下列语句的正误。

1．MNIST 数据集只在机器学习中使用。（　）

2．在 Kaggle 网站上可下载泰坦尼克号数据集。（　）

3．corr()函数可以找出房价特征之间的关系，从而得到更准确的目标特征。（　）

4．在进行数据预处理时需要对缺失值与重复值进行处理、删除无用列并清洗。（　）

实训题

1．通过房价预测任务，查询并获取波士顿市房价数据，对其进行预测分析，选择合适的预测算法，进行模型评估。

2．通过 MNIST 数字分类任务，查询并获取鸢尾花数据集，对其进行数据处理并分类，选择合适的分类算法，进行模型评估。

项目 7

数据挖掘

随着大数据时代的到来，社会对“挖掘”数据的要求变得越来越严格。每一个精准的结果都具备独特的“价值”。大数据时代的新增属性——“价值”被演绎得淋漓尽致。数据挖掘（Data Mining，DM）是一门新兴的、汇聚多个学科的交叉性学科。数据挖掘是一个不平凡的处理过程，即从庞大的数据中提取未知、隐含且具备潜在价值信息的过程。

处理大数据需要一个综合、复杂、多方位的系统，而该系统中的处理模块有很多，数据挖掘以一个独立的身份存在于整个系统中，与其他模块相辅相成、协调发展。在大数据时代，数据挖掘的地位是无可比拟的。本项目主要讨论数据挖掘的相关概念。

思政目标

- 培养大学生养成浓厚的学习兴趣、掌握扎实的专业基础、锤炼缜密的学科思维，做一个具有强烈创新意识和较强创造能力的时代青年。
- 培养大学生乐观、自信、敢干的进取精神，积极参与竞争，勇于迎接挑战，做一个锐意进取、坚韧不拔的时代青年。

- 掌握数据挖掘的概念。
- 掌握数据挖掘的应用。

- 掌握数据挖掘的模型。

任务 1　学习数据挖掘的概念

【任务描述】

本任务主要介绍与数据挖掘相关的概念。通过本任务的学习，读者应该掌握数据挖掘的概念、对象及步骤。

【任务目标】

- 掌握数据挖掘的概念。
- 了解数据挖掘的对象。
- 掌握数据挖掘的步骤。

【知识链接】

数据挖掘主要基于人工智能、机器学习、模式识别、统计学、数据库、可视化技术等。数据挖掘是从大量的、有噪声的、随机的数据中提取人们事先不知道的，但是具有潜在有用信息和知识的过程。

【任务实施】

1. 数据挖掘的步骤

1）数据提取

一般需要从数据仓库、数据湖中提取并分析与任务相关的数据，形成数据集，如训练集、测试集和验证集。

2）数据预处理

数据预处理的目的包括两方面：一方面是对缺失值、异常值、重复值等进行处理，消除数据噪声并删除不一致的数据；另一方面是对数据进行标准化、归一化处理等。

由于数据可能有噪声或存在数据不完整等缺陷，因此在进行数据挖掘前需要对数据进行数据标准化。相关的处理方法有 min-max 标准化、z-score 标准化和修正的标准 z-score 等。

3）数据建模

数据建模是指通过数据建模技术来分析数据对象，以洞悉数据的内在含义。数据建模的常用算法有逻辑斯谛回归、决策树、贝叶斯、*k*NN、支持向量机、神经网络等。

4）模型评估和比较

模式评估是指对不同模型进行评估和比较。由于建模方法有很多种，因此创建的模型也会有很多种，最后选取一个稳定度和识别度较高的模型。常用的模型评估方法有 ROC 曲线、KS 曲线、AUC、混淆矩阵、*P-R* 曲线等。

5）模型发布和效果跟踪

数据挖掘模型作为日常运营的一部分，在正式发布后，需要持续跟踪模型的执行效果。

2. 数据挖掘的对象

数据挖掘的对象可以是任何类型的数据，如结构化数据、半结构化数据和非结构化数据等。数据源可以是关系数据库，也可以是数据仓库、事务数据库、空间数据库、时态数据库和时间序列数据库、流数据、多媒体数据库、文本数据库、万维网数据等。

下面对这些数据源进行简单介绍。

1）关系数据库

关系数据库是建立在关系数据库模型基础上的数据库，借助于集合代数概念和方法来处理数据库中的数据。关系数据库广泛应用于各行各业，是数据挖掘中最常见、最丰富的数据源。

2）数据仓库

数据仓库是一个从多个数据源收集信息，并将其存放在一致模式下的数据库。数据仓库是一个面向主题的、集成的、相对稳定的、反映历史变化的数据集合，用于支持管理决策。数据仓库适合于联机分析处理（Online Analytical Processing，OLAP）。在银行、电信等行业中，数据集中后通常需要保存在数据仓库中。

3）事务数据库

在事务数据库中，每条记录代表一个事务。通常，一个事务包含唯一的事务标识号和组成该事务的项的列表。超市的销售数据是典型的事务型数据。事务数据库可能有一些与之关联的附加表，如包含关于销售的其他信息：事务的日期、顾客的 ID、销售者的 ID、连锁分店的 ID 等。

4）空间数据库

空间数据库是指在关系数据库内部对地理信息进行物理存储的数据库。空间数据库中存储的海量数据包括对象的空间拓扑特征、非空间属性特征和对象在时间上的状态变化。常见的空间数据库数据类型包括地理信息系统、遥感图像数据、医学图像数据等。空间数据库的特点包括：数据量庞大，空间数据模型复杂，属性数据和空间数据联合管理，应用范围广泛。

5）时态数据库和时间序列数据库

时态数据库和时间序列数据库都存放了与时间有关的数据。时态数据库通常存放与时间相关的属性值，如与时间相关的职务、工资等个人信息数据及个人简历信息数据等。时间序列数据库通常存放随时间变化的值序列，如零售行业的产品销售数据、股票数据、气象观测数据等。通过对时态数据库和时间序列数据库的数据进行挖掘，可以研究事物发生、发展的过程，有助于揭示事物发展的本质规律，进而发现数据对象的演变特征或变化趋势。

6）流数据

与传统数据库中的静态数据不同，流数据是连续的、有序的、变化的、快速的、大量的输入数据，主要应用场景包括网络监控、网页点击流、股票市场、流媒体等。与传统数据库相比，流数据在存储、查询、访问、实时性等方面的要求都有很大区别。

流数据的特点包括：数据实时到达；数据到达次序独立，不受应用系统所控制；数据规模庞大且不能预知其最大值；数据一经处理，除非特意保存，否则可能无法再次取出并处理，或者再次提取数据的代价极大。

7）多媒体数据库

多媒体数据库存放的数据主要包括图形、图像、音频、视频等。现代数据库技术一般将这些多媒体数据以二进制形式进行存储。对于多媒体数据库的数据挖掘，需要将存储和检索技术相结合。

目前主要的挖掘方法包括构造多媒体数据立方体、多媒体数据库的多特征提取和基于相似性的模式匹配等。

8）文本数据库

文本数据库是一种常用的数据库，也是最简单的数据库。文本数据库存储的是对对象的文字性描述。

文本数据类型包括无结构类型（大部分的文本资料和网页）、半结构类型（XML 数据）和结构类型（图书馆数据）等。

9）万维网数据

万维网（WWW）被称为最大的文本数据库。面向 Web 的数据挖掘比面向数据库和数据仓库的数据挖掘要复杂得多，这是由互联网上异构数据源环境、数据结构的复杂性以及动态变化的应用环境等特性所决定的。Web 数据挖掘包括 Web 结构挖掘、Web 使用挖掘和 Web 内容挖掘等。

任务 2 学习数据挖掘的应用

【任务描述】

本任务主要介绍数据挖掘的应用。通过本任务的学习，读者应该掌握数据挖掘的分析方法。

【任务目标】

- 了解常见数据挖掘应用领域。
- 掌握数据挖掘分析方法。

【知识链接】

常见数据挖掘应用领域如下。

1. 金融公司、银行等金融领域

许多数据挖掘技术涉及关键的银行和金融数据，对提供和保存这些数据的公司来说，这些数据是非常重要的。一般使用分布式数据挖掘的方法对这类数据进行挖掘，以帮助跟踪与信用卡、网络银行或任何其他银行服务相关的可疑活动、违法或欺诈性交易等。

在分布式数据挖掘中，通过抽样和识别大量的客户数据集，分析将成为一项相当简单的任务。此外，通过保留诸如交易周期、地理位置、支付模式、客户活动历史记录等参数的标签，也能够使跟踪可疑活动成为一项相对更直接的任务。根据这些参数可以计算出客户的相对度量，还可以根据计算出的指数进行任何形式的使用。

银行可以通过对历史数据和客户活动的性质进行正确的数据挖掘，以保留客户或努力获取新的客户。这些信息在任何组织的成败中都扮演着重要的角色，特别是在大数据技术出现后。另外，在营销场景下，还可以根据客户的历史行为、交易和市场整体购买趋势，推出更吸引人的报价（如差异化定价）。

同时利用数据挖掘，我们还可以找出各种财务指标之间的相关性。

股市的波动模式、涨跌的预测也可以通过数据挖掘进行分析。

2. 医疗保健和保险领域

利用数据挖掘，可以有效地跟踪和监测患者的健康状况，并基于过去的疾病记录进行有效的诊断。

同样，保险行业的增长也依赖于将数据转换为知识形式的能力，一般通过提供有关客户、市场和潜在竞争对手的各种细节数据来实现。

另外数据挖掘还被用于对索赔的分析中，例如用于识别多次索赔的医疗险等。

数据挖掘还能够预测新的政策，帮助发现有风险的客户行为模式和客户欺诈行为等。

3. 交通运输领域

历史数据或批量形式的数据有助于确定一个特定的客户通常去某个特定地点的通勤模式，从而为他提供差异化的优惠以及新产品、新服务的大幅折扣。

当然，这些优惠包含在定向广告的权益包中，将优先推送给潜在客户群中的高响应客户。数据挖掘还有助于确定不同仓库及物流出入口的时间维度分布，以分析负荷情况。

4. 医学领域

在医学领域中，可以通过记录病人门诊就诊的次数和时间来分析病人的病情。

数据挖掘还有助于确诊各种疾病，以便成功地进行治疗。

研究人员正在使用多维数据来降低成本，提高服务质量，并提供更广泛和更好的护理。

其他方法如软计算、统计、数据可视化和机器学习也可以有效地衡量和预测单个类别内的患者数据量。

数据挖掘还能够帮助医疗机构和医疗保险公司发现虚假与欺诈行为。

5. 教育领域

在教育领域中，数据挖掘也得到广泛应用。其中新兴的教育数据挖掘应用主要集中在从教育机构的传统流程和系统中提取数据的方法上。

教育数据挖掘应用的目标通常是通过使用先进的科学知识，让学生在各个方面成长和学习。数据挖掘还通过向教育部门提供高质量的知识和决策内容来发挥作用。

6. 制造工程领域

制造企业可以借助对自身的知识集进行挖掘来评估数据的质量，主要目的在于识别合适的产品组合、结构以及客户的需求等。此外，高效的数据挖掘能力可以确保产品开发及时完成，且不超预算。

数据挖掘的应用范围并不局限于上述领域，还可以延伸到业务的各个部分。

【任务实施】

接下来我们看一个具体的数据挖掘示例。本案例使用墨尔本市 10 年气候变化数据来学习时间序列数据挖掘。相关的 Python 代码如代码清单 7-1 和代码清单 7-2 所示。

代码清单 7-1　导入数据集

```
#初始处理
```

```
import pandas as pd
import matplotlib.pyplot as plt
%matplotlib inline

plt.style.use({'figure.figsize':(25, 20)})

#设置中文标签，防止出现乱码
plt.rcParams['font.sans-serif']=['SimHei']
plt.rcParams['axes.unicode_minus']=False

#导入数据集
temp_df = pd.read_csv('output/daily-min-temperatures.csv',index_col=0)
temp_df.head()

#处理时间序列
temp_df['Date'] = pd.to_datetime(temp_df['Date'])
temp_df = temp_df.set_index('Date')
temp_df.head()

#数据的维度大小
>>>temp_df.shape
(3650,1)
```

代码清单 7-2　绘制相关图像

```
#绘制折线图
temp_df['Temp'].plot(figsize=(30,15))

#设置坐标字体大小
plt.tick_params(labelsize=30)

#生成刻度线
plt.grid()

#绘制散点图
temp_df['Temp'].plot(style='k.',figsize=(30,15))
#设置坐标字体大小
plt.tick_params(labelsize=30)

#生成刻度线
plt.grid()

#绘制直方图
plt.style.use({'figure.figsize':(5, 5)})

fig, axes = plt.subplots(1,2,figsize=(25,8))
#bins 指的是有多少个柱状图，这里包含 25 个柱状图。bins 越大，图像的锯齿现象就越明显
temp_df['Temp'].plot(kind='hist', bins=25, ax = axes[0])
```

```
temp_df['Temp'].plot(kind='hist', bins=50, ax = axes[1])

#绘制面积堆积图
import seaborn as sns
temp_df.plot.area(stacked=False,figsize=(25,8))

#核密度估计函数
temp_df['Temp'].plot(kind='kde')

#绘制热力图
plt.style.use({'figure.figsize':(20,8)})
#resample()函数用于提取 1982 年每个月份的温度，然后取平均值
temp_df['1982'].resample('M').mean().T

#绘制热力图
sns.heatmap(temp_df['1982'].resample('M').mean().T)
```

在完成上述数据初始化步骤后，我们需要执行的步骤如下。

1）筛选指定日期的数据

需要提前将数据集中的日期数据转化成 datetime 类型的时间。代码如下。

```
temp_df['Date'] = pd.to_datetime(temp_df['Date'])
>>> temp_df['1982']

>>>temp_df['1982-1']


#筛选出每年每天的气温
groups = temp_df.groupby(pd.Grouper(freq="1Y"))["Temp"]
#显示数据
from pandas import DataFrame
#创建一个 DataFrame 类型的变量 years
years =  DataFrame()

#利用 for 循环对每年每天的温度进行赋值
for name,group in groups:
    years[name.year] = group.values


>>>Years

#绘制出一年中每天气温变化的折线图
plt.style.use({'figure.figsize':(30,15)})
years.plot()

#设置标注的大小
plt.legend(fontsize=15, markerscale=15)
```

```
#设置左边文字大小
plt.tick_params(labelsize=15)

>>>years.boxplot(figsize=(20,10))


#绘制热力图
plt.style.use({'figure.figsize':(30,15)})
sns.heatmap(years.T)

>>>plt.matshow(years.T,interpolation=None, aspect="auto")
```

2）绘制每年气温的直方图

绘制每年气温的直方图的代码如下。

```
plt.style.use({'figure.figsize':(30,22)})
years.hist(bins=15)
```

3）绘制某一年中每个月的气温分布图

绘制某一年中每个月的气温分布图的代码如下。

```
#选取一个年限，并筛选出每个月的数据
groups_month = temp_df['1985'].groupby(pd.Grouper(freq="1M"))["Temp"]
months = pd.concat([DataFrame(x[1].values) for x in groups_month], axis=1)
months = DataFrame(months)
months.columns = range(1,13)
months.boxplot(figsize=(20, 15))
plt.title("墨尔本市 1985 年的气温最低分布箱形图")

#绘制某一年的气温最低分布小提琴图
plt.style.use({'figure.figsize':(30,22)})
sns.violinplot(data = months)
plt.title("墨尔本市 1985 年的气温最低分布小提琴图")

#绘制热力图
plt.style.use({'figure.figsize':(5,10)})
sns.heatmap(months)
plt.title("墨尔本市 1985 年的气温最低分布热力图")
```

4）滞后散点图

时间序列分析主要用于分析观测值和前面观测值之间的关系。相邻两个观测值之间的关系称为滞后一期，两个观测值之间间隔一个值的关系称作滞后二期，依此类推。代码如下。

```
plt.style.use({'figure.figsize':(10,10)})
from pandas.plotting import lag_plot
lag_plot(temp_df['Temp'])
```

```
plt.title("墨尔本市1980—1990年最低温度滞后一期散点图")

plt.style.use({'figure.figsize':(10,10)})
from pandas.plotting import lag_plot
lag_plot(temp_df['Temp'], lag = 2)
plt.title("墨尔本市1980—1990年最低温度滞后二期散点图")
```

5）自相关图

对于时间序列分析，自相关是指该时间序列在两个不同时间点上的相关性（也称为滞后）。代码如下。

```
import numpy as np
plt.style.use({'figure.figsize':(10,10)})
from pandas.plotting import autocorrelation_plot
autocorrelation_plot(temp_df['Temp'])
plt.title("墨尔本市1980—1990年最低温度自相关图")
plt.tick_params(labelsize = 10)
plt.yticks(np.linspace(-1, 1, 20))
```

如果横轴坐标为1000，就表示该数据和滞后1000天数据的关系。

6）利用随机数制作滞后散点图和自相关图

```
import numpy as np
plt.style.use({'figure.figsize':(10,5)})
a = np.random.randn(100)
#将a转化为Series数据类型
a = pd.Series(a)
lag_plot(a)
plt.title("随机的100个点的滞后一期散点图")

import numpy as np
plt.style.use({'figure.figsize':(10,10)})
from pandas.plotting import autocorrelation_plot
autocorrelation_plot(a)
plt.title("随机的100个点的自相关图")
```

任务 3　学习数据挖掘的模型

【任务描述】

本任务主要学习数据挖掘的模型。通过本任务的学习，读者应该掌握数据挖掘模型的应用方法。

【任务目标】

- 了解监督式学习模型。
- 了解无监督学习模型。
- 掌握数据挖掘模型的应用方法。

【知识链接】

1. 监督式学习模型

我们常说的分类是通过对已有的训练样本（即已知数据以及对应的输出）训练，得到一个最优模型（这个模型属于某个函数的集合，最优则表示在某个评价准则下是最佳的），再利用这个模型将所有的输入映射为相应的输出，最后对输出进行简单的判断，从而达到分类的目的，即具有对未知数据进行分类的能力。

1）集成学习分类模型

集成学习是一种机器学习范式，它能够通过连续调用单个学习算法，获得不同的基算法，然后根据规则组合这些算法来解决同一个问题。该范式可以显著地提高学习系统的泛化能力。集成学习主要采用（加权）投票的方法组合多个基算法。常见的算法有装袋（Bagging）、提升/推进（Boosting）、随机森林等。集成学习由于采用投票平均的方法来组合多个分类模型，所以有可能减少单个分类模型的误差，获得对问题空间模型更加准确的表示，从而提高分类模型的分类准确度。

2）其他分类学习模型

此外还有决策树、贝叶斯、神经网络、支持向量机、逻辑斯谛回归模型、隐马尔科夫分类模型、基于规则的分类模型等众多分类模型。在处理不同的数据，分析不同的问题时，各种模型都有自己的特性和优势。

2. 无监督学习模型

在无监督学习中，数据并不被特别标识，学习模型用于推断数据的一些内在结构。应用场景包括关联规则的学习以及聚类等。

常用的聚类方法有 K-means 聚类、层次聚类、基于网格的聚类、模糊聚类算法、自组织神经网络 SOM、基于统计学的聚类算法（COBWeb、AutoClass）等。

【任务实施】

1. 线性回归

针对墨尔本市天气的研究就是典型的多元线性回归问题。墨尔本市天气数据集有 72 个自变量，经过独热编码生成了很多的新变量。相关代码如代码清单 7-3 所示。

代码清单 7-3　多元线性回归

```
    from sklearn.model_selection import train_test_split
    x_train, x_test, y_train, y_test = train_test_split(X_dummy, Y, test_size=0.2,
random_state=1, shuffle=True)

    from sklearn import linear_model
    lr_reg = linear_model.LinearRegression()
    lr_reg.fit(x_train, y_train)

    #得到数据模型的结果
    print('截距', lr_reg.intercept_)
    print('各特征对应的斜率', lr_reg.coef_)

    #绘制拟合后得到的模型
    #绘制气温散点图
    temp_df_2['Temp'].plot(style = 'k.', figsize = (20, 10))
    #在原始数据集中写入训练预测得到的点
    temp_df_2["线性回归"] = lr_reg.predict(X_dummy)
    plt.plot(temp_df_2["线性回归"], 'r.')

    #设置坐标文字大小
    plt.tick_params(labelsize=20)

    #生成刻度线
    plt.grid()
```

2. *多项式回归*

接下来将已经存在的 72 个变量进行两两组合，生成新的输入变量，并且对每个变量都进行二次方。这是多项式回归问题，一共会生成 2701 个变量。相关代码如代码清单 7-4 所示。

代码清单 7-4　多项式回归

```
    from sklearn.preprocessing import PolynomialFeatures
    #构建一个特征处理器 Poly_reg，它能将输入特征变成二次的，即进行二次多项式处理
    poly_reg = PolynomialFeatures(degree=2)

    #通过二次多项式特征处理器 Poly_reg 处理训练数据 X_dummy
    X_poly = poly_reg.fit_transform(X_dummy)

    >>> X_dummy.shape
    (3650,72)
    >>> X_poly
    array([[1., 0., 0., ..., 0., 0., 0.],
           [1., 0., 0., ..., 0., 0., 0.],
           [1., 1., 1., ..., 0., 0., 0.],
           ...,
```

```
       [1., 1., 1., ..., 0., 0., 1.],
       [1., 1., 0., ..., 0., 0., 1.],
       [1., 0., 0., ..., 0., 0., 1.]])
>>> X_poly.shape
(3650, 2701)
#构建二次多项式回归模型，将前面生成的二次变量输入模型并训练
from sklearn import linear_model
lin_reg_2 = linear_model.LinearRegression()
lin_reg_2.fit(X_poly, Y)
#查看回归方程的系数
print("每一个维度对应的斜率：", lin_reg_2.coef_)
#查看截距
print("截距：", lin_reg_2.intercept_)
temp_df_2.loc[:, "二次多项式回归"] = lin_reg_2.predict(X_poly)

#绘制二次多项式来拟合气温
temp_df_2.loc[:, "二次多项式回归"] = lin_reg_2.predict(X_poly)
plt.plot(temp_df_2["二次多项式回归"], 'g*')
#绘制气温散点图
temp_df_2['Temp'].plot(style = "k.", figsize = (20, 10))
#设置图例文字大小和图标大小
plt.legend(fontsize=25, markerscale=5)
#设置坐标文字大小
plt.tick_params(labelsize=25)
#生成刻度线
plt.grid()

#构建三次多项式回归模型
#构建一个特征处理器 Poly_reg，它能将输入特征变成三次的，即进行三次多项式处理
poly_reg3 = PolynomialFeatures(degree=3)

#通过三次多项式特征处理器 Poly_reg 处理训练数据 X_dummy
X_poly3 = poly_reg3.fit_transform(X_dummy)

#构建三次多项式模型，并进行回归模型训练
lin_reg_3 = linear_model.LinearRegression()
lin_reg_3.fit(X_poly3, Y)

temp_df_2.loc[:, "三次多项式回归"] = lin_reg_3.predict(poly_reg3.transform(X_dummy))

X_poly3.shape
(3650, 67525)

#绘制三次多项式回归的拟合曲线

#先绘制出二次多项式回归的拟合曲线
plt.plot(temp_df_2["二次多项式回归"], 'g*')

#再绘制出三次多项式回归的拟合曲线
```

```
plt.plot(temp_df_2["三次多项式回归"], 'r^')

#绘制气温散点图，用黑色的点表示
temp_df_2["Temp"].plot(style = 'k.', figsize = (20, 13))

#设置图例文字大小和图标大小
plt.legend(fontsize=15, markerscale=3)

#设置坐标文字大小
plt.tick_params(labelsize=25)

#生成刻度线
plt.grid()
```

3. 岭回归

我们将通过 Python 语言对岭回归算法进行可视化。

多项式回归的缺点是：如果某些变量系数较大，那么其他变量的比重很容易被忽略。如

$$y=100x_1+2x_2$$

此时就会导致第变量占据主导地位，而第二个变量失去作用的问题，从而出现过拟合的情况。正则化是常见的防止过拟合的方法。

下面介绍 Lasso 回归和岭回归的特点。

- Lasso 回归：惩罚项为每个变量值的绝对值。
- 岭回归：惩罚项为每个变量值的绝对值的平方。一般代价函数如下：

$$J(\boldsymbol{\theta})=\frac{1}{2m}\sum_{i=1}^{n}(\boldsymbol{\theta}_0+\boldsymbol{\theta}_x i-y_i)^2+\frac{\lambda}{2}\|\boldsymbol{\theta}\|^2$$

岭回归是一种专用于共线性数据分析的有偏估计回归方法，实质上是一种改良的最小二乘估计法。岭回归是对不适定问题进行回归分析时最常用的一种正则化方法。相关代码如代码清单 7-5 所示。

代码清单 7-5 岭回归

```
#划分数据集
from sklearn.model_selection import train_test_split
x_train, x_test, y_train, y_test = train_test_split(X_dummy, Y, test_size=0.2,
random_state=1, shuffle=True)
from sklearn.linear_model import RidgeCV

#设置正则化强度和交叉验证折数，构建岭回归模型
ridge = RidgeCV(alphas=[0.1, 0.5, 0.8], cv = 5)
#通过 fit()函数将参数送入模型并训练
ridge.fit(x_train, y_train)
#得分
```

```
ridge.score(x_test, y_test)
0.5220891676520532

#绘制结果
temp_df_2["Temp"].plot(style = 'k.', figsize = (20, 13))
temp_df_2.loc[:, "岭回归"] = ridge.predict(X_dummy)
plt.plot(temp_df_2["岭回归"], 'g.')
#设置图例文字大小和图标大小
plt.legend(fontsize=15, markerscale=3)

#设置坐标文字大小
plt.tick_params(labelsize=25)

#生成刻度线
plt.grid()
```

4. 随机森林

随机森林算法通过集成多棵决策树，让每棵决策树进行投票，比较结果，从而得出最终结果。相关代码如代码清单 7-6 所示。

代码清单 7-6 随机森林

```
#划分数据集
from sklearn.model_selection import train_test_split
x_train, x_test, y_train, y_test = train_test_split(X_before_dummy, Y, test_size=0.2, random_state=1, shuffle=True)

#导入随机森林回归器
from sklearn.ensemble import RandomForestRegressor

#导入网格交叉搜索验证
from sklearn.model_selection import GridSearchCV

#构造参数字典
param_grid = {
    'n_estimators':[5, 10, 20, 50, 100, 200],     #决策树的个数
    'max_depth':[3, 5, 7],                        #最大深度
    'max_features':[0.6, 0.7, 0.8, 1]
}

#实例化随机森林回归器
rf = RandomForestRegressor()

#构造随机森林回归器的参数
grid = GridSearchCV(rf, param_grid = param_grid, cv=3)
#通过 fit()函数将参数送入模型并训练
grid.fit(x_train, y_train)

GridSearchCV(cv=3, estimator=RandomForestRegressor(),
```

```
            param_grid={'max_depth': [3, 5, 7],
                        'max_features': [0.6, 0.7, 0.8, 1],
                        'n_estimators': [5, 10, 20, 50, 100, 200]})

#可视化决策树
from sklearn import tree
#搭建决策树可视化环境时会用到pydotplus包
import pydotplus
from IPython.display import Image, display

#从随机森林模型中选取一棵决策树进行可视化
estimator = rf_reg.estimators_[5]

dot_data = tree.export_graphviz(
                            estimator,
                            out_file = None,
                            filled = True,
                            rounded = True
)

graph = pydotplus.graph_from_dot_data(dot_data)
display(Image(graph.create_png()))

import numpy as np
print("特征排序：")
feature_names = ['year','month','dow','dom','weekend','weekend_sat','weekend_sun',
            'half_month','three_part_month','four_week_month','festival']
feature_importances = rf_reg.feature_importances_

#将feature_importances中的数值从大到小排列，得到一个新的数列
indices = np.argsort(feature_importances)[::-1]

for index in indices:
print("feature %s (%f)" %(feature_names[index], feature_importances[index]))

#绘制相关变量的重要程度图
plt.figure(figsize = (16, 8))
plt.title("随机森林不同特征的重要程度")
plt.bar(range(len(feature_importances)), feature_importances[indices], color = 'r')
#X轴标签
plt.xticks(range(len(feature_importances)), np.array(feature_names)[indices], color
= 'g'

#可视化所有拟合的效果
#绘制原始气温的散点图
temp_df_2["Temp"].plot(style = 'k.', figsize = (20, 13))

#绘制随机森林模型拟合的气温
temp_df_2.loc[:, "随机森林"] = rf_reg.predict(X_before_dummy)
```

```
plt.plot(temp_df_2["随机森林"], 'r.')
plt.plot(temp_df_2["岭回归"], 'g.')

#设置图例文字大小和图标大小
plt.legend(fontsize=15, markerscale=3)

#设置坐标文字大小
plt.tick_params(labelsize=25)

#生成刻度线
plt.grid()
```

5. 多层神经网络

多层神经网络是当前研究最多，结构又相对比较简单的神经网络。多层神经网络属于前馈神经网络，一般由输入层、隐藏层、输出层组成。隐藏层的多少决定了该网络叫深度神经网络还是“浅度”神经网络，通常将大于 3 层的称为深度神经网络。相关代码如代码清单 7-7 所示。

代码清单 7-7 多层神经网络

```
#归一化处理
from sklearn import preprocessing
feature = preprocessing.scale(X_before_dummy)

#划分数据集
from sklearn.model_selection import train_test_split
X_train, X_val, Y_train, Y_val = train_test_split(feature, Y, test_size=0.2,
random_state=1, shuffle=True)
#使用 keras 模型搭建全连接神经模型
from keras.models import Sequential
from keras.layers.core import Dense, Dropout
from keras.optimizers import SGD

model = Sequential()

#第一层 32 个神经元，激活函数为 relu()，将 11 个特征作为输入
model.add(Dense(32, activation='relu', input_shape=(X_train.shape[1],)))

#第二层 64 个神经元，激活函数为 relu()
model.add(Dense(64, activation='relu'))

#回归网络的最后一层作为输出层
model.add(Dense(1))

#封装模型
model.compile(loss='mse', optimizer=SGD(lr=0.001), metrics=['mae'])
model.summary()
```

```
#训练神经网络，每一轮传进去 128 个数据，训练 50 个轮次，然后进行验证
network_history = model.fit(X_train, Y_train, batch_size=128, epochs=50, verbose=1,
validation_data=(X_val, Y_val))
#绘制 MSE（均方误差）和 MAE（平均绝对值误差）曲线
import matplotlib.pyplot as plt
%matplotlib inline

def plot_history(network_history):
    plt.figure()
    plt.xlabel('Epochs')
    plt.ylabel('Loss')
    plt.plot(network_history.history['loss'])
    plt.plot(network_history.history['val_loss'])
    plt.legend(["Training","Validation" ])
    plt.title('训练误差和验证误差随训练次数的变化图')

    plt.figure()
    plt.xlabel('Epochs')
    plt.ylabel('MAE')
    plt.plot(network_history.history['mae'])
    plt.plot(network_history.history['val_mae'])
    plt.legend(["Training","Validation" ], loc='lower right')
    plt.title('训练误差和验证误差的平均绝对误差随训练次数的变化图')
    plt.show()

plot_history(network_history)

#绘制神经网络的拟合曲线和其他拟合曲线
temp_df_2['Temp'].plot(style="k.", figsize=(30,25))
plt.plot(temp_df_2["随机森林"], 'r.')
plt.plot(temp_df_2["岭回归"], 'g.')

temp_df_2.loc[:,"多层神经网络"] = model.predict(preprocessing.scale(X_before_dummy))
plt.plot(temp_df_2["多层神经元"], 'b.')

#设置图例文字大小和图标大小
plt.legend(['Temp',"随机森林","岭回归","多层神经网络"],fontsize=25, markerscale=5)

#设置坐标文字大小
plt.tick_params(labelsize=25)

#生成刻度线
plt.grid()
```

输出回归拟合结果的代码如代码清单 7-8 所示。

代码清单 7-8 将回归拟合的结果输出

```
result = pd.read_csv("final_regression.csv",index_col=0 )
result.head()
result_v2 = result[['Date','Temp','线性回归','二次多项式回归','三次多项式回归','岭回归','随机森林','多层神经网络']]
result_v2.head()
```

项目小结

在大数据时代，当运用传统的数学方法遇到困难时，能够熟练地应用数据挖掘显得格外重要。无论是在金融、医疗领域，还是在电信、教育等领域，每时每刻都会产生海量数据，同时由于社会存在过多的不确定性因素，导致处理的数据类型越来越繁杂，因此，即便采用计算机进行辅助，传统的处理方法解决实际问题的能力也依然有限，但是通过数据挖掘来解决大数据问题则开辟了另一个途径。未来将会是“数据为王”的时代，数据挖掘会面对更加严峻的挑战，同时对利用数据挖掘的相关算法来处理实际问题和分析数据的能力的要求也会越来越高。

项目拓展

请读者利用数据挖掘解决实际问题。

思考与练习

理论题

一、填空题

1．数据挖掘的对象可以是________、________和________。

2．数据挖掘的步骤包括________、________、________、________和________。

3．数据挖掘常用的模型有________、________、________、________和________。

二、判断题

判断下列语句是否为数据挖掘任务。

1．根据性别划分公司的顾客。　　（　　）

2．根据可盈利性划分公司的顾客。　　（　　）

3．计算公司的总销售额。（　）

4．按学生的标识号对学生数据库排序。（　）

5．预测掷一对骰子的结果。（　）

6．使用历史记录预测某公司未来的股票价格。（　）

7．监测病人心率的异常变化。（　）

8．监测地震活动的地震波。（　）

9．提取声波的频率。（　）

实训题

1．输入一个包含若干自然数的列表，输出这些自然数的平均值，结果保留 3 位小数。

2．输入一个包含若干自然数的列表，输出这些自然数降序排列后的新列表。

3．输入一个包含若干数字的列表，输出其中绝对值最大的数字。

4．输入一个包含若干自然数的列表，输出这些整数的乘积。

项目 8

数据分析与应用

数据分析是指用适当的统计方法对收集的大量资料进行分析，最大化地开发数据资料的功能，发挥数据的作用，提取有用信息和形成结论的过程。数据分析与数据挖掘密切相关，但数据挖掘往往倾向于关注大型的数据集，较少侧重于推理，而且采用的是最初为另外一种目的而采集的数据。数据分析的目的是把隐没在一大批看似杂乱无章的数据中的信息集中、萃取并提炼出来，以找出所研究对象的内在规律。

在现实生活中，数据分析可以帮助人们做出判断，以便采取适当行动。数据分析过程是质量管理体系的支持过程。在产品的整个生命周期中，包括从市场调研到售后服务和最终处置的各个过程，都需要适当运用数据分析。例如，开普勒通过分析行星角位置的观测数据，发现了行星运动规律。又例如，企业的负责人通过市场调查，分析所得数据以判定市场动向，从而制订合适的生产及销售计划。由此可知，数据分析有着极广泛的应用范围。

思政目标

- 培育学生科技创新能力，提升科技水平。
- 培育学生动手实践能力，加强科技建设，树立科技兴国意识。

- 掌握数据分析的重要概念与目的。
- 掌握关联规则算法及其应用。
- 掌握银行信贷预测的模型算法分析。
- 学会安装 WEKA 软件并进行房屋定价。

任务 1　学习数据分析的概念

【任务描述】

本任务主要介绍数据分析的概念、步骤、目的和应用领域。通过掌握数据分析的方法，读者可以了解数据分析所需要的知识，全面掌握数据分析方法，以便更好地学习数据分析。

【任务目标】

- 掌握数据分析的概念。
- 理解数据分析的目的。
- 了解数据分析的应用领域。

【任务实施】

1. 数据分析的概念

数据分析是指用适当的统计分析方法对收集的大量数据进行分析，将它们进行汇总并理解消化，以求最大化地开发数据的功能，发挥数据的作用。数据分析是为了提取有用信息并形成结论，最终对数据加以详细研究和概括总结的过程。

数据分析的数学基础在 20 世纪早期就已确立，但直到计算机的出现才使得实际操作成为可能，并使得数据分析得以推广。数据分析是数学与计算机科学相结合的产物。

2. 数据分析的步骤

典型的数据分析一般包含以下 3 个步骤。

步骤 1：探索性数据分析。

刚获取的数据可能杂乱无章，完全看不出规律，但是我们可以通过绘图、造表或用各种形式的方程拟合以及计算某些特征量等手段来探索规律的可能形式，即确定朝什么方向、用何种方式寻找和揭示隐含在数据中的规律。

步骤 2：模型选定分析。

在探索性数据分析的基础上提出一类或几类可能的模型，然后进一步分析，从而确定模型。

步骤 3：推断分析。

借助统计分析方法对所确定的模型或估计的可靠程度和精确程度进行推断。

3. 数据分析的目的

1）分类

检查未知分类或暂时未知分类的数据。目的是预测数据属于哪个类别。具体的操作方式是使用已知分类的相似数据来研究分类规则，然后将这些规则应用于未知分类的数据。

2）预测与预测分析

预测是指对数字连续变量而不是分类变量的预测。预测分析包括分类、预测、关联规则、协作过滤和模式识别（聚类）等方法。

3）关联规则和推荐系统

关联规则或关联分析是指在诸如捆绑之类的大型数据库中找到一般的关联模式。

在线推荐系统一般使用协作过滤算法。协作过滤算法是基于给定的历史购买行为、等级、浏览历史或任何其他可测量的偏好行为甚至其他用户购买历史的方法。协作过滤算法可在单个用户级别生成“购买时还可以购买的东西”的购买建议。因此，许多推荐系统通过协作过滤算法向具有广泛偏好的用户提供个性化推荐。

4）数据缩减和降维

当变量的数量有限并且可以将大量样本数据分为同类组时，通常会提高数据分析算法的性能。减少变量数量的过程通常称为“降维”。降维是部署监督式学习方法之前最常见的初始化步骤，旨在提高可预测性、可管理性和可解释性。

4. 数据分析的应用领域

1）医疗领域

依托对于大量临床数据的收集、实验和分析，人们在医疗保健方面取得了实质性的进步，这使得普通人的寿命得以延长。

目前，人们已经能通过收集患者的各项数据，包括姓名、性别、年龄、体重、病史，以及生活方式、习惯、喜好等，加以分析，来为他们提供最有益、最适合的个性化服务。

另外，现如今，大多数人都希望通过佩戴健身追踪器，如智能手环等，来帮助了解自己的饮食是否健康，体重是否需要加以控制，从而保证身体健康。除此之外，这些设备所检测的数据还可以用于医疗保健、公共卫生状况预测等。

2）物流领域

得益于数据系统的逐渐完备，当下，物流行业得以蓬勃发展。通过对数据的深入分析，物流行业在各个方面都得到明显改进。

比如，通过对天气数据的预测分析，航空公司可以合理安排航班的起飞时间、延误时间等，并能根据季节性变化、最新社会趋势或事件的发生（如奥运会），合理预估航班座位需求数量、飞机数量，以及调整对应淡旺季的机票价格等。

又或者，一些大型快递公司能够通过分析数据来合理规划运营路线，缩短快递的交付时间，从而提高运营效率。

3）人脸识别领域

面部识别算法是基于人脸数据而产生的。早在 10 年前，面部识别算法就产生了，但由于当时的算法不够精确，经常出现把动物、人脸照片等误认为人脸的问题。

如今，随着越来越多的人脸数据被采集到，人脸识别技术得以进一步完善。例如，现在的智能手机几乎都提供人脸解锁功能，甚至可以识别双胞胎，这与数据分析密不可分。

4）无人驾驶领域

基于对社会各行各业数据的收集和处理分析，曾经被人们视作“空想”的无人驾驶汽车最终变成现实。

现在，部分汽车厂商已研究出具备无人驾驶功能的汽车，未来这将大大便利人们的生活，有助于提高人们的生活质量。由此可见，数据分析技术将对无人驾驶技术产生巨大影响。

数据分析涉及的领域还有许多，它蕴含在人们生产、生活的方方面面，为人们的生活和生产提供了很大的帮助。

任务 2　学习关联规则算法及应用

【任务描述】

本任务通过对关联规则算法的学习，在项目中动手编写代码，提高读者的动手实践能力。通过本任务的学习，读者应该了解关联规则算法的概念及重要特征，掌握相关原理并动手操作。

【任务目标】

- 了解关联规则算法的基本概念与原理。

- 掌握关联规则算法的应用方法。

【知识链接】

1. 关联规则

关联规则算法是一种基于规则的机器学习算法。该算法的目的是利用一些度量指标来分辨数据库中存在的强规则。也就是说，关联规则算法主要用于知识发现，而非预测，所以属于无监督机器学习方法。

Apriori 算法是一种通过频繁项集来挖掘关联规则的算法。该算法既可以发现频繁项集，又可以挖掘物品之间的关联规则。

2. 关联规则算法的一般步骤

关联规则算法的一般步骤如下。

步骤 1：找到频繁项集。

步骤 2：在频繁项集中通过置信度筛选获得关联规则。

3. 关联规则算法的应用范围

关联规则算法的应用范围广泛，例如下面这些领域。

- 在消费市场领域中，可以用于分析消费市场价格、猜测顾客的消费习惯等。
- 在网络安全领域中，可以用于开展入侵检测工作。
- 在高校管理领域中，可以有效辅助高校管理部门有针对性地开展贫困助学工作。
- 在移动通信领域中，可以指导运营商的业务运营和辅助业务供应商制定决策。

一般使用支持度、置信度、提升度等指标来衡量关联规则算法。这里我们将主要介绍前两个指标。

1）支持度

支持度（support）揭示了事件 A 与事件 B 同时出现的概率。如果事件 A 与事件 B 同时出现的概率小，说明事件 A 与事件 B 的关系不大；如果事件 A 与事件 B 频繁同时出现，则说明事件 A 与事件 B 总是相关的。

支持度指事件 A 和事件 B 这两个项集在事务集 D 中同时出现的概率。计算公式如下：

$$\text{support}(A \Rightarrow B) = P(A \cup B)$$

2）置信度

置信度（confidence）揭示了事件 A 出现时，事件 B 是否也会出现或有多大概率出现。如果置信度为 100%，则表示事件 A 和事件 B 可以捆绑。如果置信度低，则说明事件 A 的出

现与事件 B 是否出现关系不大。

置信度指在出现事件 A 的事务集 D 中，事件 B 也同时出现的概率。计算公式如下：

$$\text{confidence}(A \Rightarrow B) = P(B \mid A) = \frac{\text{support}(A \cup B)}{\text{support}(A)} = \frac{\text{support\_count}(A \cup B)}{\text{support\_count}(A)}$$

3）设定合理的支持度和置信度

对于某条规则：（A=a）→（B=b）（support 为 30%，confidence 为 60%），其中，support 为 30%，表示在所有的数据记录中，同时出现 A=a 和 B=b 的概率为 30%；confidence 为 60%，表示在所有的数据记录中，在出现 A=a 的情况下出现 B=b 的概率为 60%，也就是条件概率。支持度揭示了 A=a 和 B=b 同时出现的概率，置信度揭示了当 A=a 出现时，B=b 出现的概率。

- 如果支持度和置信度阈值设置得过高，虽然可以减少挖掘时间，但是很容易忽略一些隐含在数据中的非频繁特征项，难以发现足够有用的规则。
- 如果支持度和置信度阈值设置得过低，又有可能产生过多的规则，甚至产生大量冗余和无效的规则，同时由于算法存在的固有问题，也会导致高负荷的计算量，增加挖掘时间。

【任务实施】

Apriori 算法是一种影响力比较大的挖掘布尔关联规则频繁项集的算法。该算法的核心是基于两阶段频繁项集思想的递推算法。其中，所有支持度大于最小支持度的项集称为频繁项集，简称频集。

Apriori 算法的工作原理是：如果某个项集是频繁的，那么它的所有子集也是频繁的。该定理的逆反定理为：如果某个项集是非频繁的，那么它的所有超集（包含该集合的集合）也是非频繁的。

通过 Apriori 算法，在得知某些项集为非频繁的之后，则无须计算该集合的超集。通过这种方式能够有效避免项集数目的指数增长，从而在合理时间内计算出频繁项集。

我们将逐步通过函数来完成 Apriori 算法的构建，并使用数据对其进行验证。Apriori 算法的 Python 代码如代码清单 8-1 所示。

代码清单 8-1　Apriori 算法

```
def item(dataset):  #求第一次扫描数据库后的候选集
c1 = []  #存放候选集元素
for x in dataset:  #求这个数据库中出现了几个元素，然后返回
    for y in x:
        if [y] not in c1:
            c1.append([y])
c1.sort()
```

```
        #print(c1)
        return c1

    def get_frequent_item(dataset, c, min_support):
        cut_branch = {}  #用来存放所有项集的支持度的字典
        for x in c:
            for y in dataset:
                if set(x).issubset(set(y)):  #如果 x 不在 y 中，就在对应元素后面加 1
                    cut_branch[tuple(x)] = cut_branch.get(tuple(x),0) + 1
#cut_branch[y] = new_cand.get(y, 0)表示如果字典中没有想要的关键词，就返回 0
            #print(cut_branch)

         Fk = []  #支持度大于最小支持度的项集，即频繁项集
            sup_dataK = {}  #用来存放所有频繁项集的支持度的字典

         for i in cut_branch:
                if cut_branch[i] >= min_support:  #如果项集的支持度小于支持度，则将它舍去，
                                                  #因为它的超集必然不是频繁项集
                    Fk.append(list(i))
                    sup_dataK[i] = cut_branch[i]
            #print(Fk)
            return Fk, sup_dataK


    def get_candidate(Fk, K):  #求第 k 次候选集
         ck = [] #存放产生的候选集

    for i in range(len(Fk)):
             for j in range(i + 1, len(Fk)):
               L1 = list(Fk[i])[:K - 2]
                   L2 = list(Fk[j])[:K - 2]
              L1.sort()
                   L2.sort()                    #先排序，再组合

                   if L1 == L2:
                 if K > 2:
                       new = list(set(Fk[i]) ^ set(Fk[j]))
                else:
                  new = set()
                  for x in Fk:
                  if  set(new).issubset(set(x)) and list(set(Fk[i])|set(Fk[j])) not
in ck:  #减枝 new 是 x 的子集，并且没有加入 ck 中
                        ck.append(list(set(Fk[i]) | set(Fk[j])))
            #print(ck)
             return ck
```

```
def Apriori(dataset, min_support=2):
    c1 = item(dataset)  #返回一个二维列表，其中每一个一维列表都是第一次候选集的元素
    f1, sup_1 = get_frequent_item(dataset, c1, min_support)  #求第一次候选集

        F = [f1]
        sup_data = sup_1  #一个字典，其中存放所有产生的候选集及其支持度

    K = 2  #从第2个开始循环求解，先求候选集，再求频繁项集

    while (len(F[K - 2]) > 1):
        ck = get_candidate(F[K - 2], K)  #求第k次候选集
        fk, sup_k = get_frequent_item(dataset, ck, min_support)  #求第k次频繁项集

        F.append(fk)
        sup_data.update(sup_k)  #更新字典，加入新得到的数据
        K += 1
    return F, sup_data  #返回所有频繁项集，以及存放频繁项集支持度的字典


if __name__ == '__main__':
    dataset = [[1, 3, 4], [2, 3, 5], [1, 2, 3, 5], [2, 5]]
         F, sup_data = Apriori(dataset, min_support=2)  #将最小支持度设置为2

    print("具有关联的商品是{}".format(F))
    print('------------------')
    print("对应的支持度为{}".format(sup_data))
```

任务3 进行银行信贷预测

【任务描述】

信贷业务又称为信贷资产或贷款业务，是商业银行最重要的资产业务。对于商业银行的贷款业务来说，客户的信用信息是极其重要的，因为只有了解客户的信用情况，才能决定是否通过客户的贷款申请。本任务将介绍如何根据客户的一些基本信息来判断客户的信用或贷款偿还能力。通过本任务的学习，读者可以加深对数据分析概念的理解。

【任务目标】

- 学习如何进行银行信贷分析。
- 利用模型分析判断贷款偿还能力。
- 学习算法模型的评估与分析。

【任务实施】

首先导入数据集，并查看该数据的形状与基本信息。相关代码如代码清单 8-2 所示。

代码清单 8-2　导入数据

```
import pandas as pd
df = pd.read_csv("HomeCredit.csv")
df.head()
df.describe()  #查看数据的描述
df.shape       #查看数据的形状
```

接下来对数据进行可视化，看一下在数据集中贷款金额的分布情况，有利于进行评估。相关代码如代码清单 8-3 所示。

代码清单 8-3　数据可视化分析

```
import matplotlib.pyplot as plt
import seaborn as sns
import warnings
warnings.filterwarnings("ignore")
%matplotlib inline

plt.figure(figsize=(12, 5))
plt.title("Distribution of AMT_CREDIT")
ax = sns.distplot(df["AMT_CREDIT"])  #画出贷款金额数据分布图
```

贷款金额数据分布结果如图 8-1 所示。

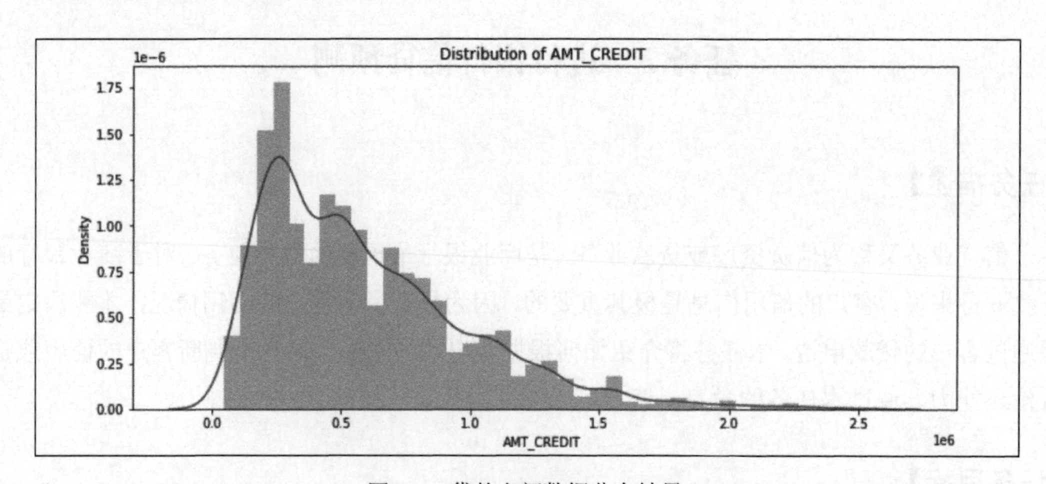

图 8-1　贷款金额数据分布结果

然后利用可视化函数描述收入数据情况，以便直观地表示收入金额的分布情况。相关代码如下。

```
plt.figure(figsize=(12, 5))
```

```
plt.title("Distribution of AMT_INCOME_TOTAL")
#画出收入数据分布图
ax = sns.distplot(df["AMT_INCOME_TOTAL"].dropna())
```

收入数据分布结果如图 8-2 所示。

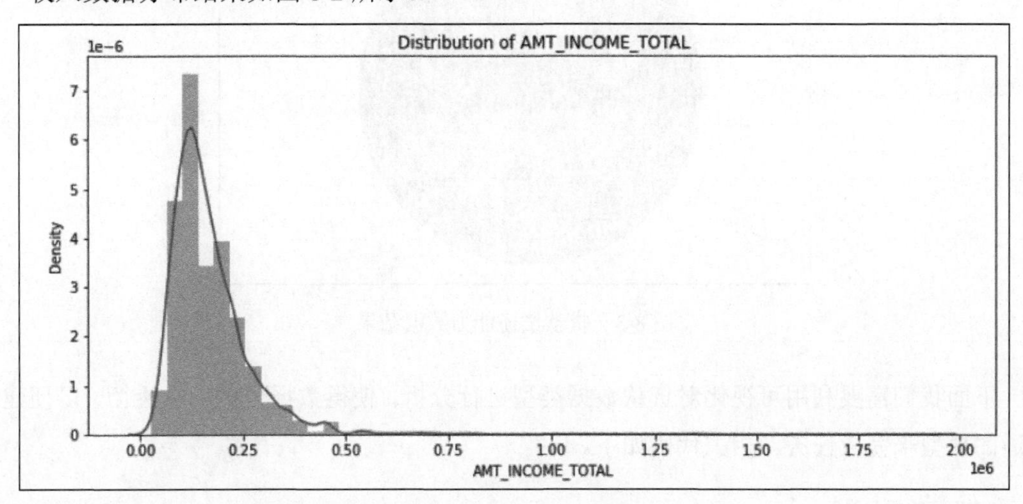

图 8-2　收入数据分布结果

根据收入数据能够得出不同用户的贷款偿还能力并进行可视化，另外还需要观察偿还情况，以便后续进行数据分析与模型建立。相关代码如下。

```
#导入绘图工具库，进行具体分析
import plotly.offline as offline
import plotly.graph_objs as go
import plotly.offline as py
from plotly.offline import init_notebook_mode, iplot
init_notebook_mode(connected=True)
offline.init_notebook_mode()

#查看申请人的贷款还款能力
temp = df["TARGET"].value_counts()
#画出饼状图
trace = [go.Pie(labels=temp.index, values=temp.values)]
#设置图题
layout = go.Layout(
    title='Loan Repayed or not',
)
#显示图形
fig = go.Figure(data=trace, layout=layout)
iplot(fig)
```

贷款偿还能力数据结果如图 8-3 所示。

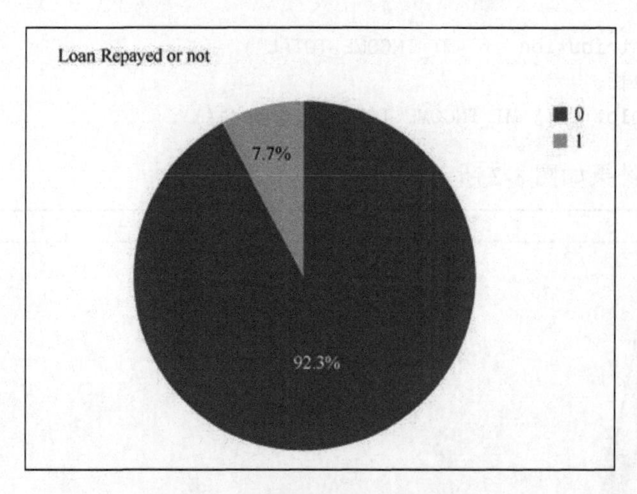

图 8-3　贷款偿还能力数据结果

下面我们需要利用可视化对贷款数据类型进行分析，使得数据分析更加透彻，以便建立合适的模型来完成任务。相关代码如下。

```
#查看贷款的类型
temp = df["NAME_CONTRACT_TYPE"].value_counts()
#画出饼状图
trace = [go.Pie(labels=temp.index, values=temp.values, hole=0.6)]
#设置图题
layout = go.Layout(
    title='Types of loan',
)
#显示图形
fig = go.Figure(data=trace, layout=layout)
iplot(fig)
```

贷款类型数据结果如图 8-4 所示。

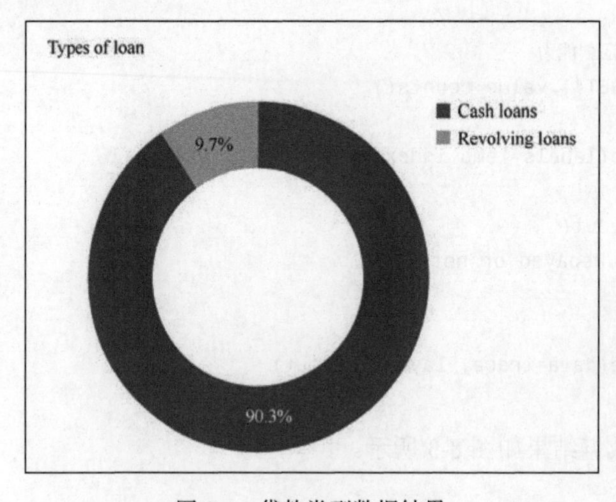

图 8-4　贷款类型数据结果

接下来对收入来源进行可视化分析，这样做能够更加直观地得出用户收入情况，并且有利于贷款偿还能力进行建模。相关代码如下。

```
temp = df["NAME_INCOME_TYPE"].value_counts()
#画出饼状图
trace = [go.Pie(labels=temp.index, values=temp.values, hole=0.4)]
#设置图题
layout = go.Layout(
    title='Income sources of Applicant',
)
#画出图题
fig = go.Figure(data=trace, layout=layout)
iplot(fig)
```

收入来源数据结果如图 8-5 所示。

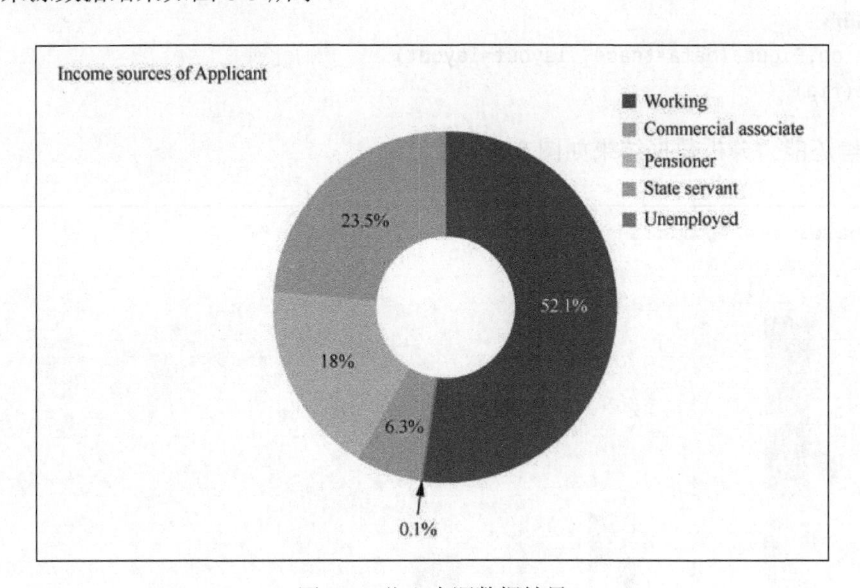

图 8-5　收入来源数据结果

然后分析不同数据特征对贷款偿还能力的影响与相关性，选择重要的特征建立模型，使得模型达到最优，进而获得更准确的结果。相关代码如下。

```
#分析信息与是否有能力偿还贷款的关系
import numpy as np
temp = df["NAME_INCOME_TYPE"].value_counts()

temp_y0 = []  #没有贷款偿还能力
temp_y1 = []  #有贷款偿还能力
for val in temp.index:
    temp_y1.append(np.sum(df["TARGET"][df["NAME_INCOME_TYPE"] == val] == 1))
    temp_y0.append(np.sum(df["TARGET"][df["NAME_INCOME_TYPE"] == val] == 0))
temp_y1 = np.array(temp_y1)
```

```
    temp_y0 = np.array(temp_y0)
    #画出柱状图
    trace = [go.Bar(x=temp.index, y=(temp_y1 / temp.sum()) * 100, name='YES'),
           go.Bar(x=temp.index, y=(temp_y0 / temp.sum()) * 100, name='NO'),
           go.Bar(x=temp.index, y=(temp_y1 / (temp_y0+temp_y1)) * 100, name='RATE'),
           ]
    #设置图题、字体等
    layout = go.Layout(
       title="Income sources of Applicant's in terms of loan is repayed or not  in %",
       xaxis=dict(title='Income source', tickfont=dict(
          size=14, color='rgb(107, 107, 107)')),
       yaxis=dict(title='Count in %', titlefont=dict(size=16, color='rgb(107, 107,
107)'),
                tickfont=dict(size=14, color='rgb(107, 107, 107)'))
    )
    #显示图形
    fig = go.Figure(data=trace, layout=layout)
    iplot(fig)
```

贷款偿还能力分析数据结果如图 8-6 所示。

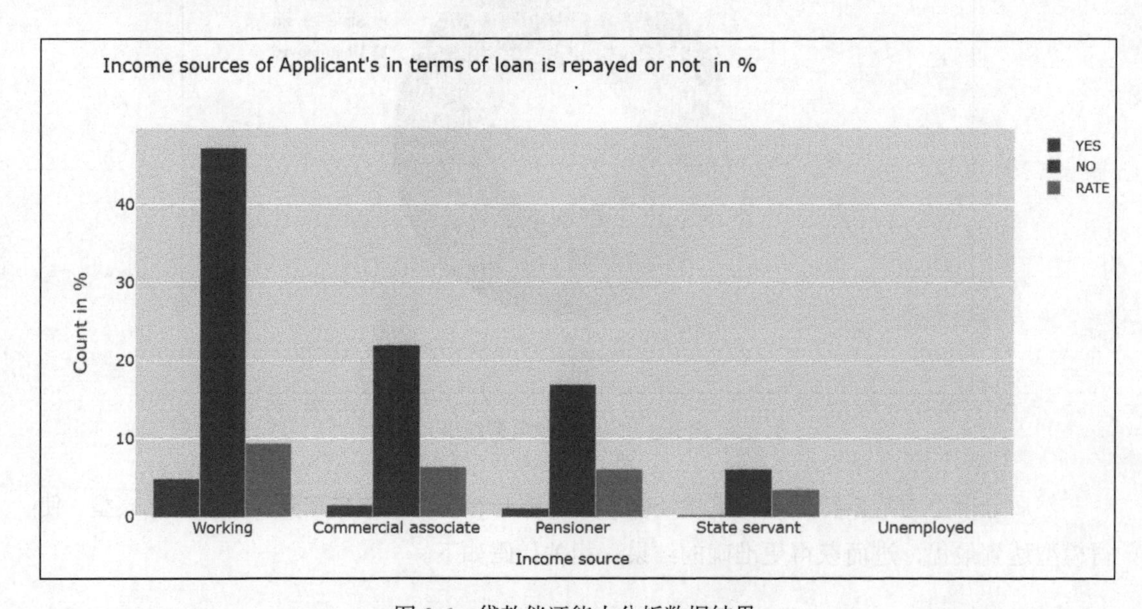

图 8-6 贷款偿还能力分析数据结果

接下来将数据进行预处理，把编码数据转化为数值形式，这样做有利于模型的拟合。相关代码如代码清单 8-4 所示。

代码清单 8-4 数据处理

```
df_drop = df.dropna(axis=1)
df_drop.head()
#数据中存在一列字符串形式的数据，现在将其编码成数值形式
```

```
from sklearn import preprocessing
#取出非数值的列
categorical_feats = [f for f in df_drop.columns if df_drop[f].dtype == 'object']
#对非数值的列进行编码
for col in categorical_feats:
    lb = preprocessing.LabelEncoder()
    lb.fit(list(df_drop[col].values.astype('str')))
    df_drop[col] = lb.transform(list(df_drop[col].values.astype('str')))
df_drop.head()
#划分数据
#在上面显示的数据中，由于 SK_ID_CURR 列为用户 ID，因此将此列删除
df_drop1 = df_drop.drop("SK_ID_CURR", axis=1)
#提取训练特征数据和目标值。这里的目标值是申请者的贷款偿还能力，在数据集中为 TARGET 列
data_X = df_drop1.drop("TARGET", axis=1)
data_y = df_drop1['TARGET']
#划分数据
from sklearn import model_selection
train_x, test_x, train_y, test_y = model_selection.train_test_split(data_X.values,
data_y.values, test_size=0.8,random_state=0)
```

然后建立随机森林模型并对数据进行拟合与预测，得出结果并评估，最后选择最优模型。相关代码如代码清单 8-5 所示。

代码清单 8-5　模型构建与评估

```
from sklearn.ensemble import RandomForestClassifier
model = RandomForestClassifier()  #构建模型
model.fit(train_x, train_y)  #训练模型
from sklearn import metrics
y_pred = model.predict(test_x)  #预测测试集
metrics.accuracy_score(y_pred, test_y)  #评价预测结果
print(metrics.classification_report(y_pred, test_y))
```

银行信贷预测任务主要进行贷款数据的预测。通过对数据进行可视化分析，我们可以更好地了解数据的特征和信息，有利于模型的建立和求解，最终通过随机森林模型得到预测结果。

任务 4　使用 WEKA 软件进行房屋定价

【任务描述】

本任务将学习新的数据分析软件 WEKA。通过学习本任务，读者可以掌握 WEKA 软件的安装与使用方法，并利用该软件进行房屋定价。本任务首先利用房屋信息进行数据分析，然后在 WEKA 软件上通过简单的操作，实现数据可视化与房屋定价。

【任务目标】

- 掌握 WEKA 软件的安装方法。
- 学习 WEKA 软件的基本使用技巧。
- 掌握房屋定价案例中的数据分析方法。

【知识链接】

WEKA（Waikato Environment for Knowledge Analysis，怀卡托智能分析环境）是新西兰怀卡托大学用 Java 开发的数据挖掘开源软件。有趣的是，该软件的缩写 WEKA 也是新西兰独有的一种鸟（新西兰秧鸡）的名字，而 WEKA 软件的主要开发者恰好也来自新西兰的怀卡托大学。

WEKA 软件有数据处理、特征选择、分类、回归、可视化等功能，支持多种数据文件格式，如.arff、.xrff、.csv 等。

2005 年 8 月，在第 11 届 ACM SIGKDD 国际会议上，怀卡托大学的 WEKA 小组荣获数据挖掘和知识探索领域的最高服务奖。在这次大会上，WEKA 软件首次得到广泛认可，被誉为数据挖掘和机器学习历史上的里程碑，是迄今非常完备的数据挖掘工具之一。

【任务实施】

1. WEKA 软件的下载与安装

（1）访问 WEKA 软件的官方网站，找到 Getting started 组，单击其中的 Download 链接，如图 8-7 所示。

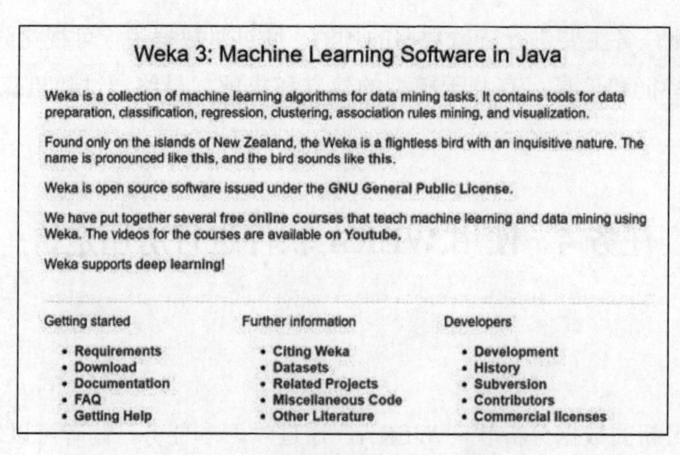

图 8-7　WEKA 软件的官方网站

（2）根据需求选择合适的版本进行下载。由于本任务主要依托 Windows 操作系统进行介绍，因此这里选择的是 Windows 64-bit without JVM 版本。然后单击 here 链接进行下载，如图 8-8 所示。

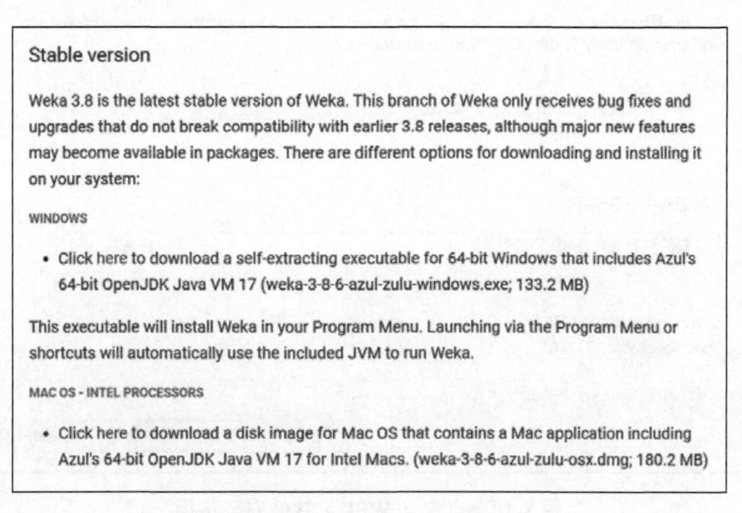

图 8-8　WEKA 软件下载

（3）双击下载的安装包，进入 WEKA 软件安装向导，如图 8-9 所示。然后单击 Next 按钮。

图 8-9　WEKA 软件安装向导

（4）在弹出的安装向导中，单击 Browse 按钮，自定义 WEKA 软件的安装路径，然后单击 Next 按钮，如图 8-10 所示。在弹出的安装向导中单击 Install 按钮即可完成安装。

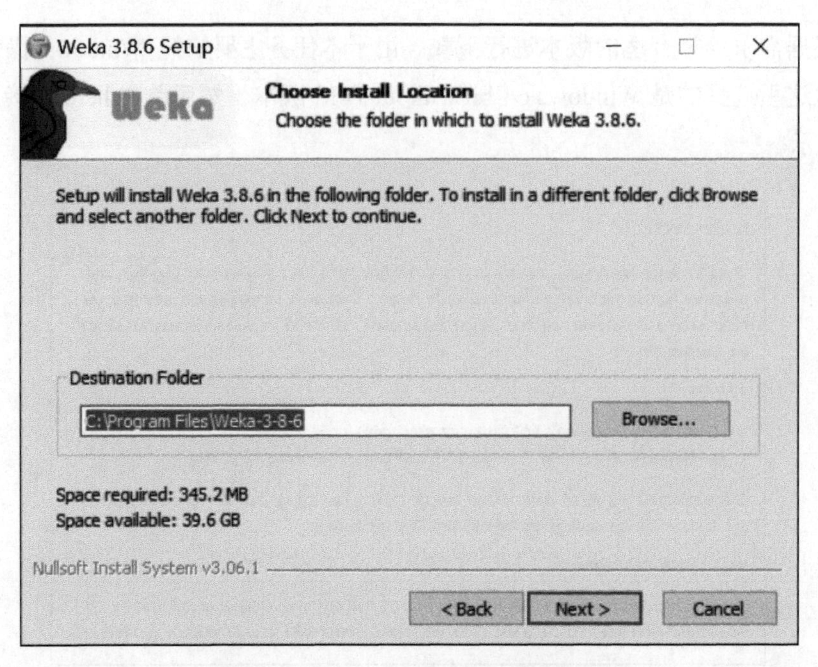

图 8-10 自定义 WEKA 软件安装路径

2. WEKA 软件的使用

（1）在计算机桌面上双击 WEKA 软件的快捷方式，进入 WEKA 软件的主页面，如图 8-11 所示。

图 8-11 WEKA 软件主页面

（2）在主界面中单击 Explorer 按钮，然后单击 Open file 按钮，在弹出的“打开”对话框中找到 WEKA 软件的安装目录，如 E:\Weka-3-8-6，然后双击 data 文件夹，如图 8-12 所示。

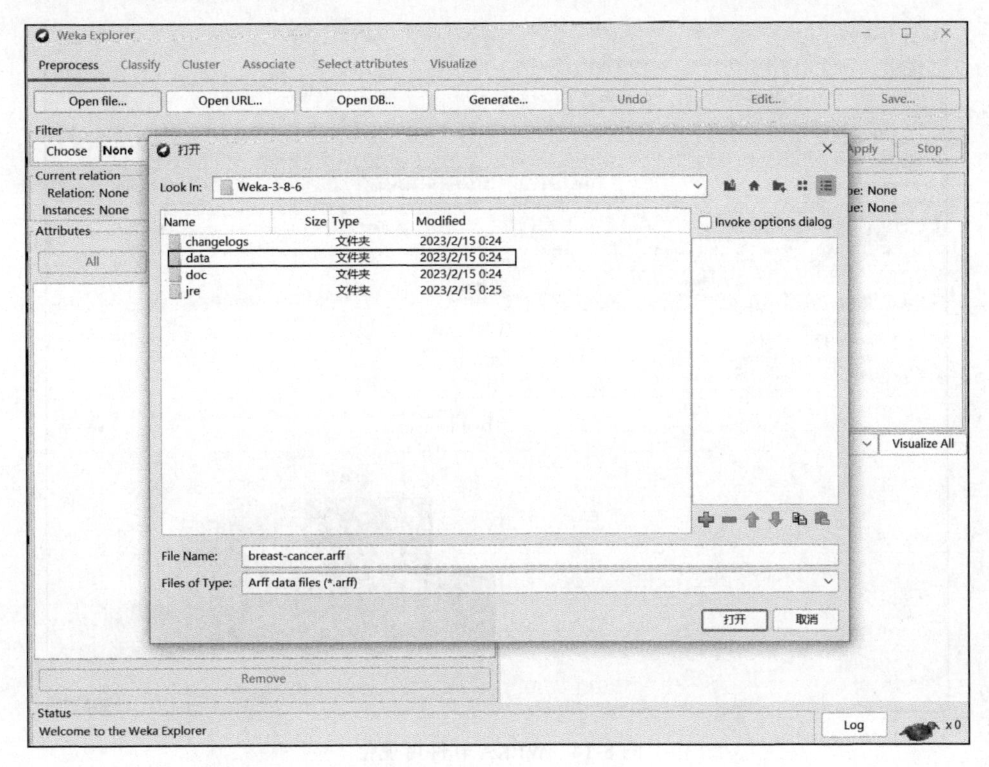

图 8-12　打开 data 文件夹

（3）这里以鸢尾花数据集为例，单击 iris.arff 文件，如图 8-13 所示。然后单击“打开”按钮，即可进行可视化分析，如图 8-14 所示。

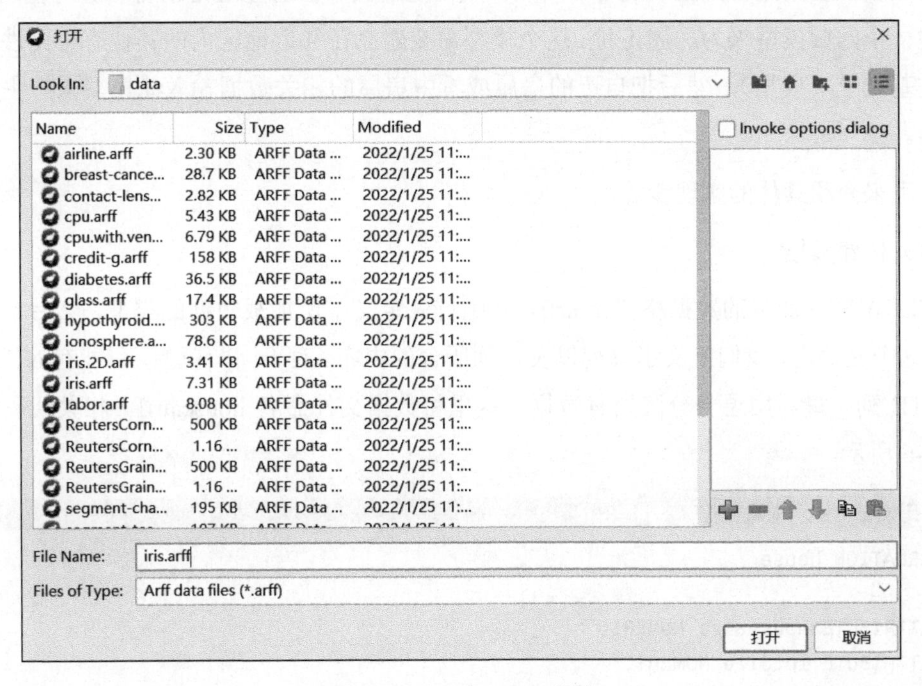

图 8-13　打开 iris.arff 文件

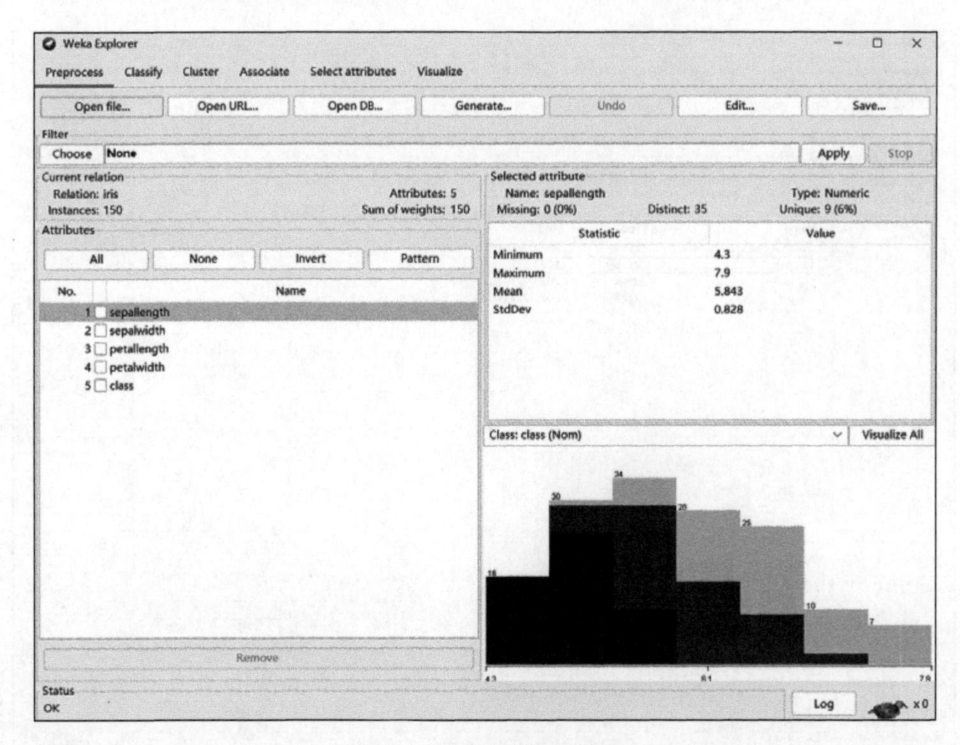

图 8-14　WEKA 软件可视化

3. *房屋定价案例分析*

房屋的价格（因变量）由很多自变量所决定，如房屋的面积、占地的大小、厨房是否有花岗石以及卫生间是否刚重装过等。所以，无论是购买一套房屋还是销售一套房屋，你都可以创建一个回归模型来为房屋定价。这个模型需要建立在邻近地区内的其他有可比性的房屋售价的基础上（模型），然后把自己的房屋或看中房屋的相关数据输入此模型来产生一个预期价格。

接下来介绍具体的实现步骤。

（1）构建数据。

WEKA 软件加载的数据格式是.arff，其中首先定义了所加载数据的类型，然后是数据本身。在这个文件内，我们定义了每列以及每列所含的内容。对于回归模型，只能有 NUMERIC 或 DATE 列。最后用逗号分隔所有数据。这里将数据文件命名 house.arff。相关代码如代码清单 8-6 所示。

代码清单 8-6　构建数据

```
@RELATION house

@ATTRIBUTE houseSize NUMERIC
@ATTRIBUTE lotSize NUMERIC
@ATTRIBUTE bedrooms NUMERIC
```

```
@ATTRIBUTE granite NUMERIC
@ATTRIBUTE bathroom NUMERIC
@ATTRIBUTE sellingPrice NUMERIC

@DATA
3529,9191,6,0,0,205000
3247,10061,5,1,1,224900
4032,10150,5,0,1,197900
2397,14156,4,1,0,189900
2200,9600,4,0,1,195000
3536,19994,6,1,1,325000
2983,9365,5,0,1,230000
```

（2）导入数据。

启动 WEKA 软件，在主界面中单击 Explorer 按钮。然后单击 Open File 按钮，在“打开”对话框中选择上一步创建的 house.arff 文件，如图 8-15 所示。然后单击“打开”按钮，导入数据。

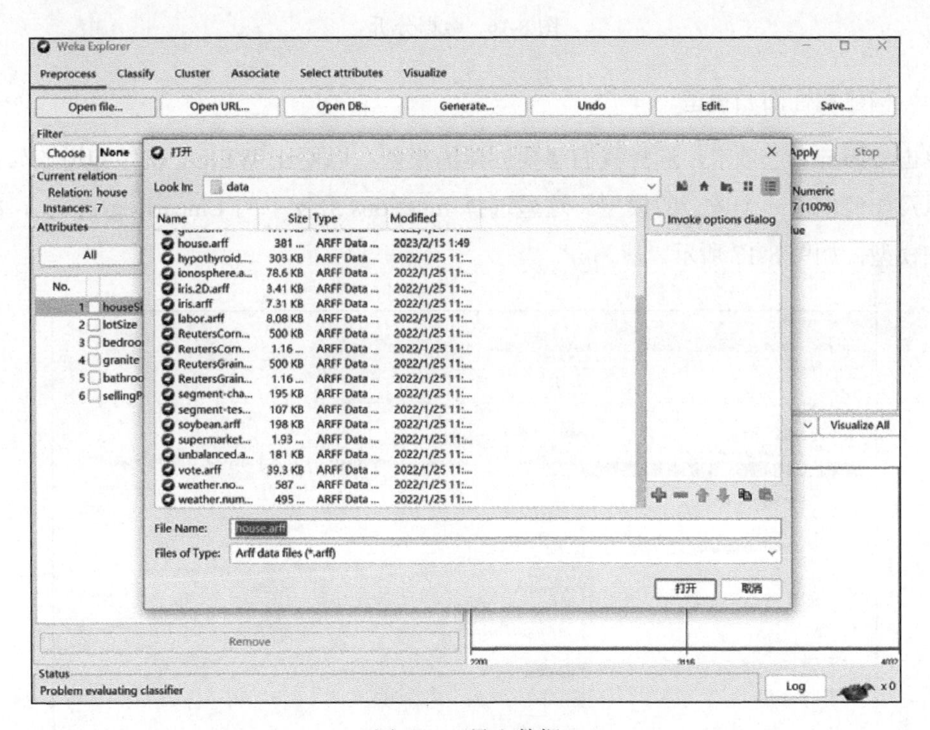

图 8-15　导入数据

（3）数据分析。

在图 8-16 所示的界面中，WEKA 软件允许查阅正在处理的数据。界面的左侧列出了数据的所有列（Attributes）以及所提供的数据行的数量（Instances）。若选择某列，界面的右侧会显示数据集内该列数据的信息。

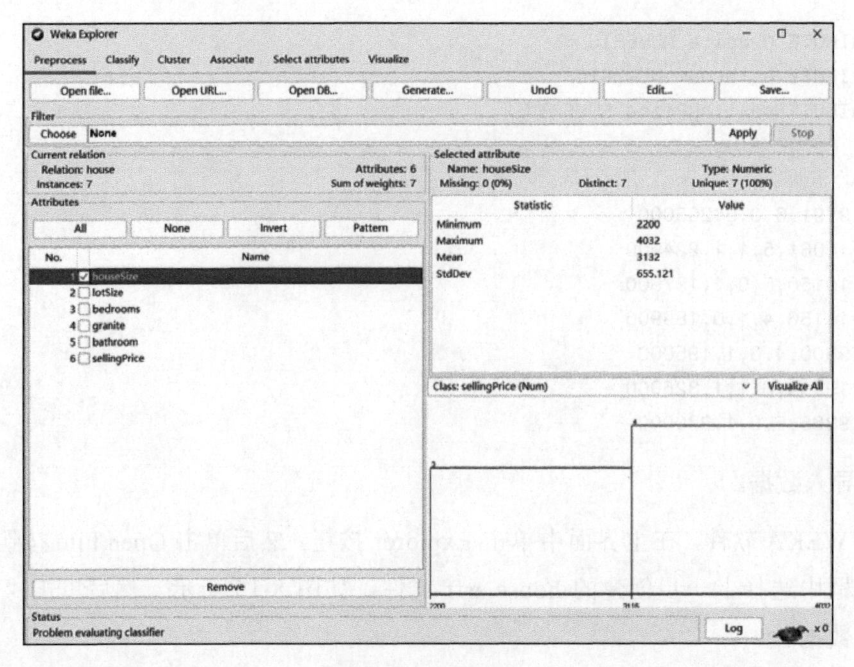

图 8-16　数据分析

（4）构建线性回归模型。

单击 Classify 选项卡，选择我们想要创建的模型，以便让 WEKA 软件知道该如何处理数据以及如何创建一个适合的模型。这里选择 functions 分支下的 LinearRegression，构建线性回归模型，如图 8-17 所示。

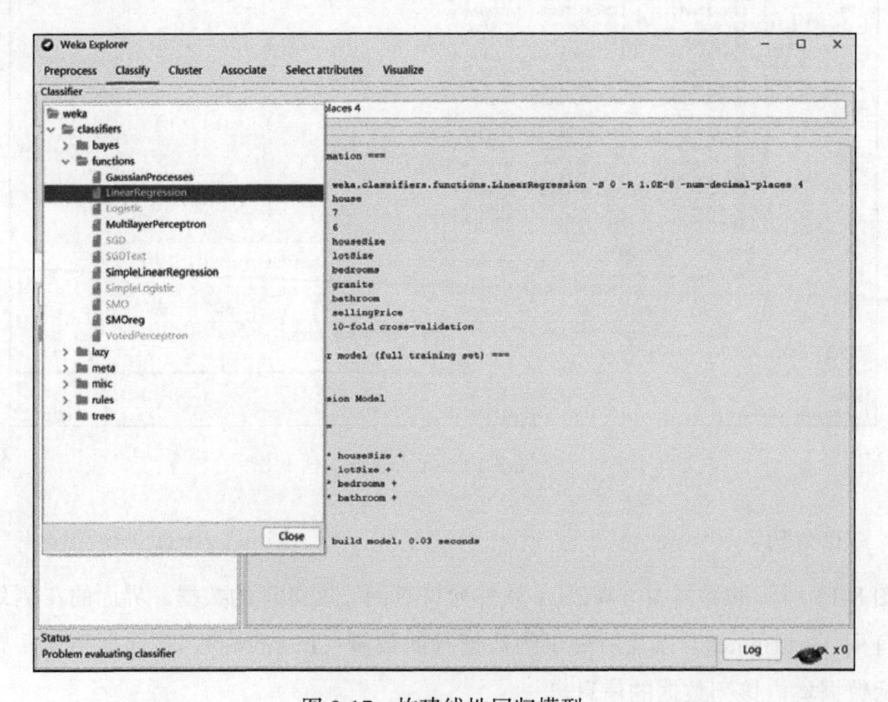

图 8-17　构建线性回归模型

（5）模型评估。

单击 Start 按钮，开始执行。界面右侧为具体模型及效果，如图 8-18 所示。

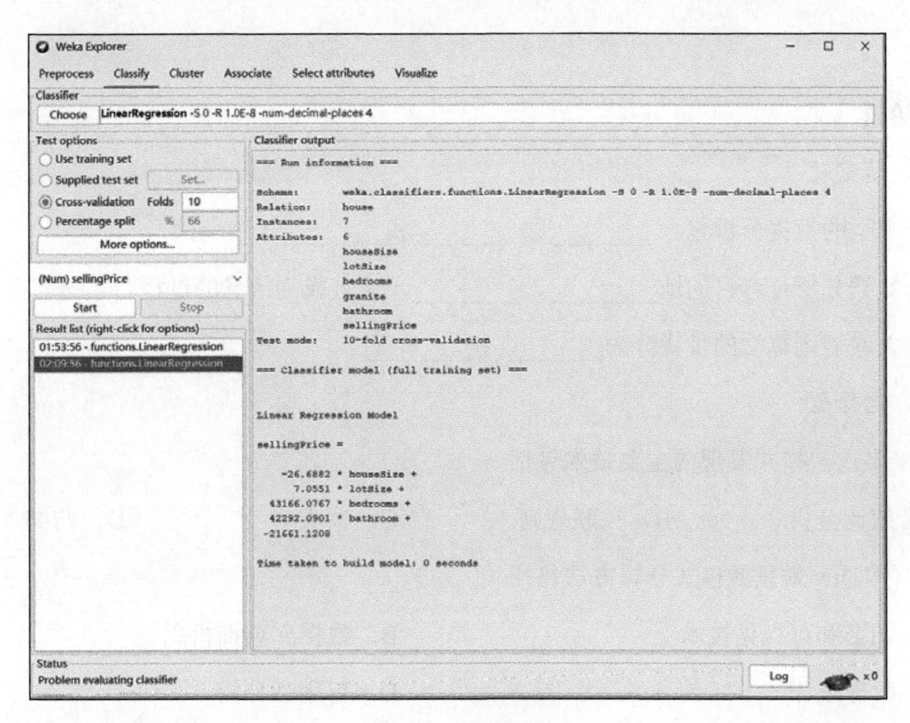

图 8-18　模型效果

项目小结

本项目通过对数据分析的介绍及应用，学习了数据分析的概念和应用领域。通过学习关联规则与 Apriori 算法，掌握了关联规则算法的重要性。通过银行信贷预测任务加深了对数据分析的掌握，同时利用随机森林算法解决了信贷预测问题。我们还学习和使用了 WEKA 软件，对其数据分析功能、算法构建功能有了基本了解。最后以房屋定价作为案例来巩固 WEKA 软件的使用，让我们在数据分析上更加熟练，手段更加丰富。

本项目通过介绍概念及应用案例展示了数据分析的重要性及价值。学习数据分析有利于我们提高未来的生活水平和科技水平。

项目拓展

学习了数据分析的概念及应用方法后，读者可以利用学习的模型对其他数据进行分析并观察结果。

思考与练习

理论题

一、填空题

1．典型的数据分析包含________、________和________3 个步骤。

2．数据分析是有目的地________、________，使之成为信息的过程。

3．关联规则算法的步骤分为________和________。

二、选择题

1．（多选）模式发现的主要技术包括（　　）。

A．统计分析　　B．关联规则　　C．聚类　　D．归类

2．（多选）常见的模式分析方法包括（　　）。

A．图形和可视化技术　　B．数据库查询机制

C．数理统计　　D．可用性分析

3．通常针对系统日志事件挖掘出来的结果以（　　）的形式存储在管理系统内。

A．文件　　B．数据　　C．知识库　　D．数字

实训题

1．使用 WEKA 软件再次对房屋定价进行预测，并使用不同模型查看模型效果。

2．对银行信贷数据采用其他类型的模型进行预测，并使用可视化分析求出最优模型及误差。

项目 9

淘宝用户行为分析预测

随着互联网信息技术的快速发展和普及化，人们开始重视电子商务网络平台的推广和相关政策法规对电子商务行业市场发展的影响。电子商务已经开始逐渐改变人们日常的生活观念和消费理念。

阿里巴巴公司在 2009 年推出的“双十一”活动和在 2011 年推出的“双十二”活动成为中国乃至全球的标志性“购物狂欢节”。每年的 11 月 11 日和 12 月 12 日也成为购物者非常期待的日子。

淘宝网现在是家喻户晓的购物网站。本项目借助阿里巴巴公司提供的淘宝用户行为数据集，通过相关指标对用户行为进行分析，构建预测模型，从而探索用户相关行为模式。

思政目标

- 培养学生坚忍不拔的意志，能够吃苦耐劳、不轻易放弃的精神。
- 培养学生敢于创新的精神，提高实践水平和创新能力。

- 学习数据集的获取与处理方法。
- 掌握用户行为分析的算法与可视化方法。

- 学会预测模型的构建与评估。

【项目描述】

淘宝网作为中国最大的电商交易平台之一，每天都会产生海量的用户行为数据，其背后所隐含的信息值得探索。本项目选取淘宝用户的行为数据，在所定义问题的基础上，利用 Python 语言对数据进行预处理，通过数据分析和可视化去直观分析用户行为，并建立预测模型，最后得出结论与建议。

【项目目标】

- 学习数据分析的方法与应用方法。
- 掌握预测模型的建立与评估算法的应用。
- 学习分析淘宝用户行为能力的方法。

【知识链接】

1. 数据集

本项目选用阿里巴巴公司的天池数据集中的 UserBehavior.csv 数据集。该数据集包含 2017 年 11 月 25 日至 2017 年 12 月 3 日之间有行为的约 100 万名随机用户的所有行为（包括点击、购买、加购、喜欢）。数据集的组织形式和 MovieLens-20M 类似，即数据集的每一行表示一条用户行为，由用户 ID、商品 ID、商品类目 ID、行为类型和时间戳组成，每条信息之间以逗号分隔。

2. 数据集的内容

UserBehavior.csv 数据集的内容如表 9-1 所示。

表 9-1　UserBehavior.csv 数据集的内容

列名称	说明
UserID	用户 ID，整数类型，序列化后的用户 ID
ItemID	商品 ID，整数类型，序列化后的商品 ID
CategoryID	商品类目 ID，整数类型，序列化后的商品所属类目 ID
BehaviorType	行为类型，字符串，枚举类型，包括“pv”“buy”“cart”和“fav”
TimeStamp	时间戳，行为发生的时间戳

3. 用户行为类型

在 UserBehavior.csv 数据集中，用户行为类型可以分为 4 种，如表 9-2 所示。

表 9-2 用户行为类型

行为类型	说明
pv	商品详情页 PV，等价于点击
buy	商品购买
cart	将商品加入购物车
fav	收藏商品

【项目实施】

通过对数据的导入和可视化，我们能够了解数据的基本信息。在进行预处理后需要对数据进行分析，得出相关结论，并通过用户行为的分析进行预测模型的建立与评估。

首先导入数据。相关代码如代码清单 9-1 所示。

代码清单 9-1　导入数据

```
import os
import gc #垃圾回收接口
from tqdm import tqdm #进度条库
import dask #并行计算接口
from dask.diagnostics import ProgressBar
import numpy as np
import pandas as pdimport matplotlib.pyplot as plt
import time
import dask.dataframe as dd #dask中的数表处理库
import sys #外部参数获取接口

#加载数据
columns=['id','item','category','behavior','time']
data = dd.read_csv('UserBehavior.csv',names=columns)#需要时可以设置blocksize=参数来手
                                  #工指定划分方法，默认是64MB(需要设置为总线的倍数，否则会降低处理速度)
data.head()
```

其次对数据进行处理。相关代码如代码清单 9-2 所示。

代码清单 9-2　数据处理

```
#查看现有的数据类型
data.dtypes
#压缩成32位uint，无符号整型。这是因为交易数据没有负数
d = {
    'id': 'uint32',
    'item': 'uint32',
    'category': 'uint32',
    'behavior': 'object',
```

```
    'time': 'int64'
}
data = data.astype(d)

data.isnull()
s = data["id"].isna()
s.loc[s == True]
```

然后进行数据分析与可视化处理。通过数据分析，对用户在浏览网站时的行为进行可视化，这样做有利于对用户行为的分析及后续模型的建立，得出最优结果。相关代码如代码清单 9-3 所示。

代码清单 9-3　数据分析与可视化

```
Be_counts = data["behavior"].value_counts()
Be_counts
Be_index = Be_counts.index#提取标签
Be_index
Be_values = Be_counts.values #提取数值
Be_values
from pyecharts import options as opts
from pyecharts.charts import Pie
#pie 包中的数据必须传入由元组组成的列表
c = Pie()
c.add("", [list(z) for z in zip(Be_index, Be_values)])
c.render_notebook() #输出到当前 Notebook 环境
```

用户行为占比结果如图 9-1 所示。

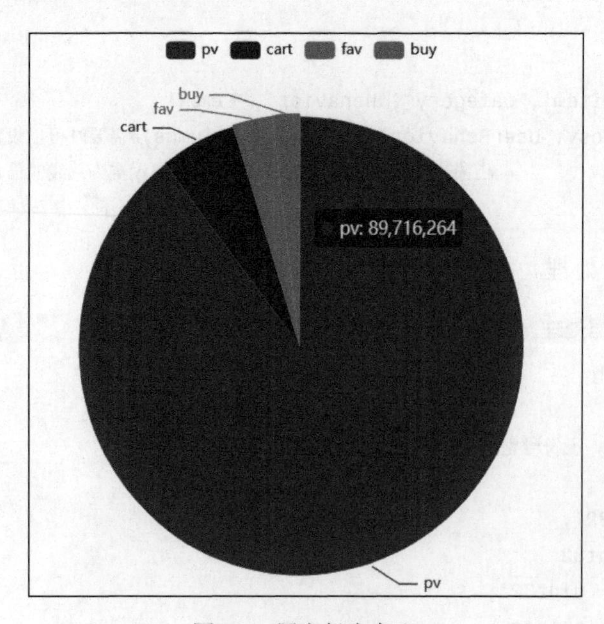

图 9-1　用户行为占比

总体转化漏斗图可以直观表达用户从浏览到购买行为的数据分析，有利于我们对行为进行分析，同时还能便于后续模型拟合与优化。相关代码如下。

```
from pyecharts.charts import Funnel
from IPython.display import Image as IMG
from pyecharts import options as opts
from pyecharts.charts import Pie

#画图
funnel_data= [list(z) for z in zip(Be_index,Be_values)]          #将类别与数值配对

funnel_chart= Funnel(init_opts=opts.InitOpts(width="800px", height="400px")) #创建画布
funnel_chart.add(
    series_name="商品交易环节",    #图例名称
    data_pair=funnel_data,    #导入
    tooltip_opts=opts.TooltipOpts(trigger="item",formatter="{a} <br/>[b] : {c}%"),
#设置标签显示的格式
    label_opts=opts.LabelOpts(is_show=True,position="inside"),#设置标签是否显示，显示位置
    itemstyle_opts=opts.ItemStyleOpts(border_color="#fff",border_width=1)
    )
funnel_chart.set_global_opts(title_opts=opts.TitleOpts(title="总体转化漏斗图")) #全局参数
funnel_chart.render_notebook()     #输出到当前 Notebook 环境
```

总体转化漏斗图如图 9-2 所示。

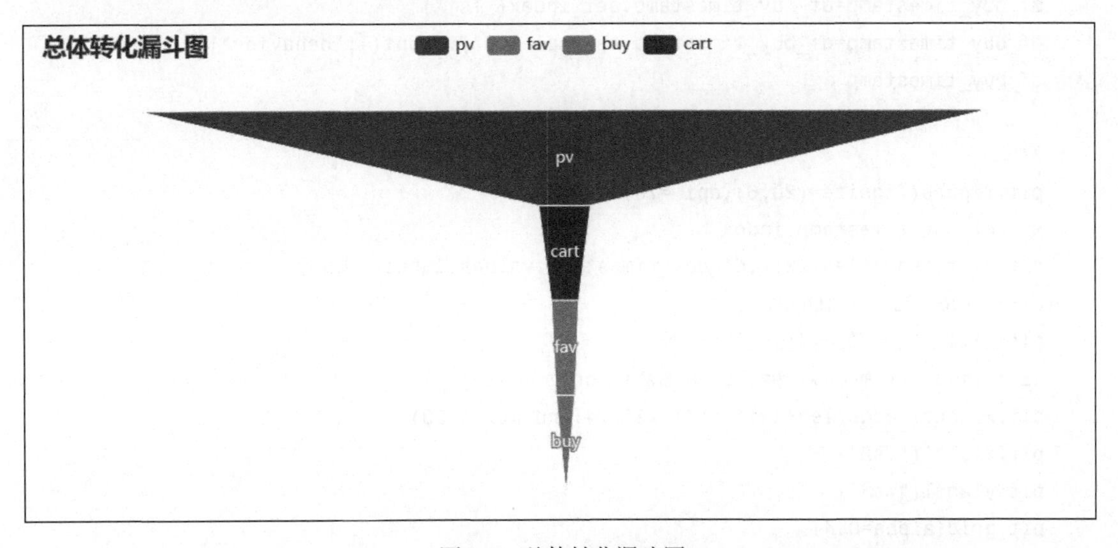

图 9-2　总体转化漏斗图

接下来我们需要进行总成交量时间变化分析。相关代码如代码清单 9-4 所示。

代码清单 9-4　总成交量时间变化分析

```
df = data.head(1000000)
```

```
    df.head()
    describe = df.loc[:,["id","behavior"]]
    ids = pd.DataFrame(np.zeros(len(set(list(df["id"])))),index=set(list(df["id"])))
    pv_class=describe[describe["behavior"]=="pv"].groupby("id").count()
    pv_class.columns  = ["pv"]
    buy_class=describe[describe["behavior"]=="buy"].groupby("id").count()
    buy_class.columns  = ["buy"]
    fav_class=describe[describe["behavior"]=="fav"].groupby("id").count()
    fav_class.columns  = ["fav"]
    cart_class=describe[describe["behavior"]=="cart"].groupby("id").count()
    cart_class.columns  = ["cart"]
    user_behavior_counts=ids.join(pv_class).join(fav_class).join(cart_class).join(buy_
class).iloc[:,1:]
    user_behavior_counts.head()

    #数据准备
    df_pv_timestamp=df[df["behavior"]=="pv"][["behavior","Ts1"]]
    df_pv_timestamp["Ts1"] = pd.to_datetime(df_pv_timestamp["Ts1"])
    df_pv_timestamp=df_pv_timestamp.set_index("Ts1")
    df_pv_timestamp=df_pv_timestamp.resample("H").count()["behavior"]
    df_pv_timestamp
    df_buy_timestamp=df[df["behavior"]=="buy"][["behavior","Ts1"]]
    df_buy_timestamp["Ts1"] = pd.to_datetime(df_buy_timestamp["Ts1"])
    df_buy_timestamp=df_buy_timestamp.set_index("Ts1")
    df_buy_timestamp=df_buy_timestamp.resample("H").count()["behavior"]
    df_buy_timestamp

    #绘图
    plt.figure(figsize=(20,6),dpi =70)
    x2= df_buy_timestamp.index
    plt.plot(range(len(x2)),df_buy_timestamp.values,label="成交量
",color="blue",linewidth=2)
    plt.title("总成交量变化折线图（小时）")
    x2 = [i.strftime("%Y-%m-%d %H:%M") for i in x2]
    plt.xticks(range(len(x2))[::4],x2[::4],rotation=90)
    plt.xlabel("Ts2")
    plt.ylabel("Ts3")
    plt.grid(alpha=0.4);
```

最后得出如图 9-3 所示的总成交量变化分析小时图。通过该图，我们可以判断用户的活跃时间，同时有利于模型的构建与拟合。

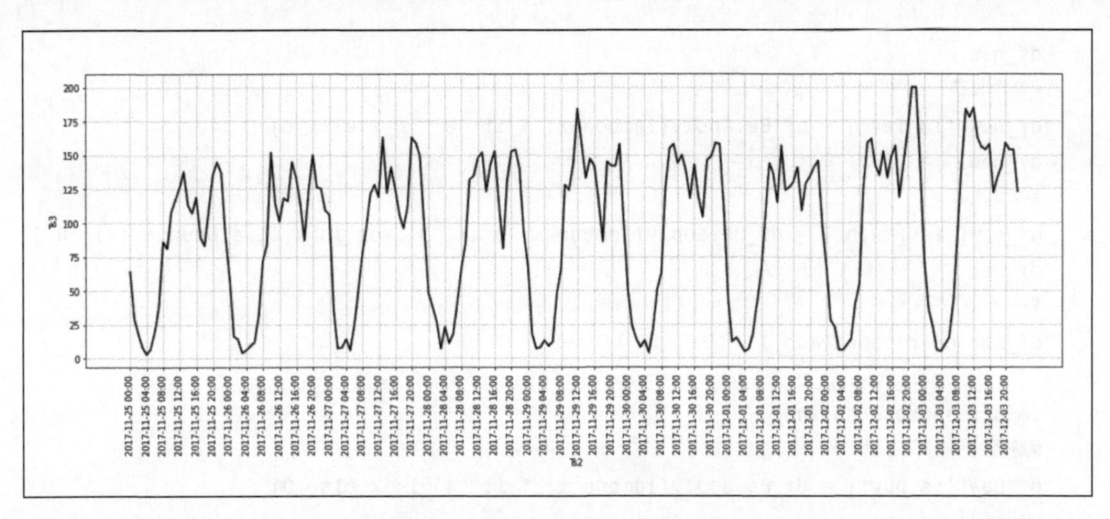

图 9-3　总成交量变化分析小时图

接下来进行特征分析。通过用户的点击和收藏等行为来预测是否购买，以用户为分组键，统计每位用户的点击、收藏、加购物车的行为，分别为：是否点击，点击次数；是否收藏，收藏次数；是否加购物车，加购物车次数。相关代码如代码清单 9-5 所示。

代码清单 9-5　特征分析

```
#去掉时间戳
df = df[["id", "item", "category", "behavior"]]
df
from collections import Counter
df['behavior']=df['behavior'].map({'pv':1,'cart':2,'fav':3,'buy':4})
d1 = {
    'id': 'uint32',
    'item': 'uint32',
    'category': 'uint32',
    'behavior': 'object',

}
data = data.astype(d1)
df['behavior']=df['behavior'].apply(lambda x : list(str(x)))
df_Be=df.groupby('id')['behavior'].sum()
df_Be.head()

df_new = pd.DataFrame()
#点击次数
df_new['pv_much'] = df_Be.apply(lambda x: Counter(x)['1'])
df_new
#是否加购物车
df_new['is_cart'] = df_Be.apply(lambda x: 1 if '2' in x else 0)
df_new
#加购物车次数
df_new['cart_much'] = df_Be.apply(lambda x: 0 if '2' not in x else Counter(x)['2'])
```

```
df_new
#是否收藏
df_new['is_fav'] = df_Be.apply(lambda x: 1 if '3' in x else 0)
df_new
#收藏次数
df_new['fav_much'] = df_Be.apply(lambda x: 0 if '3' not in x else Counter(x)['3'])
df_new
#部分数据相关分析
df_new.corr('spearman')

import seaborn as sns
#是否购买
df_new['is_buy'] = df_Be.apply(lambda x: 1 if '4' in x else 0)
df_new
df_new.is_buy.value_counts()
df_new['label'] = df_new['is_buy']
del df_new['is_buy']
df_new.head()
f,ax=plt.subplots(1,2,figsize=(12,5))
sns.set_palette(["#9b59b6","#3498db",]) #设置所有图的颜色，使用 hls 色彩空间
sns.distplot(df_new['fav_much'],bins=30,kde=True,label='123',ax=ax[0]);
sns.distplot(df_new['cart_much'],bins=30,kde=True,label='12',ax=ax[1]);
```

对是否加购物车及加购物车次数、是否收藏及收藏次数的分析，使得数据更加清晰，便于后续数据处理与构建模型的最优选择。数据标签结果如图 9-4 所示。

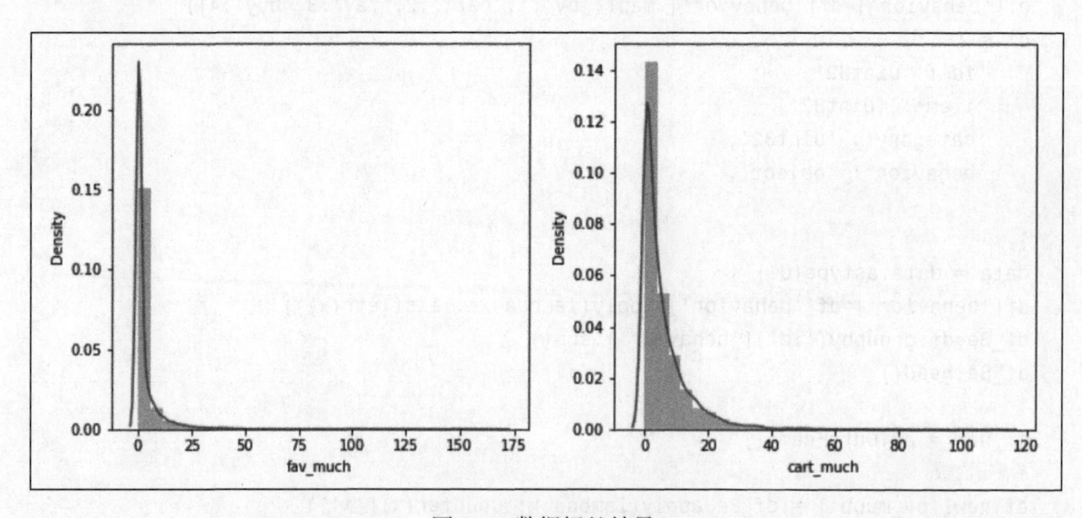

图 9-4　数据标签结果

最后进行模型的构建与评估。相关代码如代码清单 9-6 所示。

代码清单 9-6　模型的构建与评估

```
#模型构建
```

```
from sklearn.model_selection import train_test_split
from sklearn import metrics
X = df_new.iloc[:,:-1]
Y = df_new.iloc[:,-1]
Xtrain,Xtest,Ytrain,Ytest = train_test_split(X,Y,test_size= 0.3,random_state= 42)
from sklearn.ensemble import RandomForestClassifier
rfc = RandomForestClassifier(n_estimators=200, max_depth=1)
rfc.fit(Xtrain, Ytrain)
print(metrics.confusion_matrix(Ytest, rfc.predict(Xtest)))
print(metrics.classification_report(Ytest, rfc.predict(Xtest)))
```

通过前面的数据分析，我们可以得出如下结论。

- 与非付费用户相比，付费用户的点击贡献量更大，平均 25.34 次点击即可贡献一个商品出售订单。
- 针对非付费用户点击最多的商品，可以通过优惠券、红包、返利或给用户推送更具性价比的同类商品等形式来促进用户购买。
- 从 19 时开始，用户各种行为开始增多，至 21—22 时达到一天的最高峰。
- 通过计算 buy/pv，可以发现，该值在 10 时最高，到晚上有高浏览行为时反而下降。商家可根据此特点，开展更多对应促销活动。
- 针对重要维护用户，即购买日期近但购买次数少的用户，采取关联商品推荐等手段，促进用户购买行为。
- 针对重要唤回用户，即购买次数多但上次购买时间较早的用户，要采取更多唤醒策略，防止用户进一步流失。
- 针对重要挽回用户，即购买次数少且上次购买日期也早的用户，需要分析其流失原因，必要时可以通过问卷或用户访谈的方法进一步了解用户心理。

项目小结

通过对淘宝用户行为分析预测项目的学习，我们了解了不同的数据类型分布，而且对不同用户行为分析进行了总结归纳，建立了合适的预测模型来实现用户行为预测，从而提升用户体验与行为预测。通过学习本项目，读者可以掌握数据分析的方法与模型构建的算法，以及利用模型评估来选择最优模型，从而得到最佳结果。本项目有利于我们提升项目操作能力及数据分析水平，便于未来遇到类似项目时，能更加从容应对与分析，最终利用自己的专业知识解决问题。

项目拓展

借助本项目的练习，选择不同的数据分析方法及不同的预测模型进行预测分析并比较，观察有何差异。

思考与练习

实训题

1．演练项目内容，并使用不同算法模型进行预测分析，得出结论。

2．学习使用其他用户行为数据集，对其进行数据分析并预测，给出建议与结论。